U0150785

浪花朵朵

美食的秘密

从薯条大战到万能巧克力

[荷] 扬·保罗·舒腾 著
[荷] 叶伦·风科 绘
罗信 译

上海人民美術出版社

嗨，一起探索
美食的秘密吧！

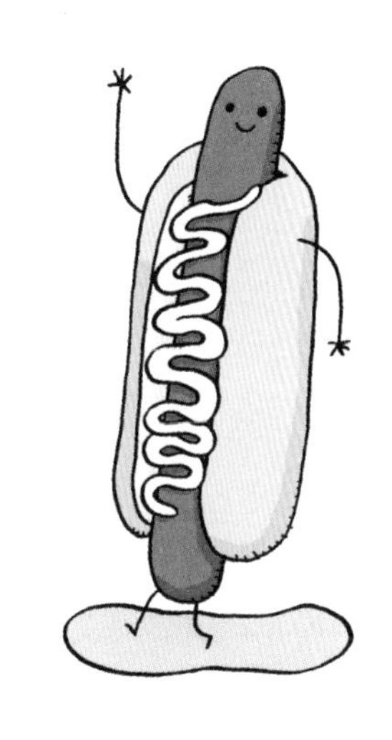

目录

大名鼎鼎

让自己的名字享誉世界、千古流传，试问谁不想呢？如果你也想这样，那就努力让自己变成像凯撒大帝那样的世界领袖，或者像伦勃朗一样的著名画家，又或者如爱因斯坦一般的杰出科学家吧。如果你有点儿懒，并不想变成什么世界领袖或者博古通今的旷世奇才，那还有一个方法：让一道菜以你的名字命名吧。你甚至什么事儿都不需要做，只要确保身边有技术过硬的大厨就行。

这就是俄罗斯的格里高利·安德烈耶维奇·斯特罗加诺夫伯爵所使用的方法。如今他的名字每天都被成千上万点“斯特罗加诺夫炖牛肉”这道菜的人提起。要是当年他身边没有那位想出这道经典菜的大厨，想必今天他也不会如此受欢迎了。如果你身边没有厨师的话，不妨试试跟某位技艺超群的大厨交个朋友。就像澳大利亚女高音歌唱家内莉·梅尔巴那样，她就曾与著名主厨奥古斯特·埃斯科菲耶关系颇好，并且成功让两道菜以自己的名字命名：梅尔巴桃子和梅尔巴吐司。然而也有些厨师不那么谦虚，他们就喜欢以自己的名字为菜品命名。比如厨师凯撒·卡迪尼，某天他做出了一份味道很不错的沙拉，并以自己的名字为其命名，这也就是我们如今都熟悉的“凯撒沙拉”。

你也可以向史密斯老奶奶学习，去培育一种新品种苹果。好吧，也可以是新品种橘子，就像克莱门·罗迪耶那样。如今颇受欧洲人欢迎的水果——克莱门氏小柑橘，就是以他的名字命名的。你还是感觉有点麻烦？那你就试着问问

你的老师是否愿意助你一臂之力吧。曾经有个叫宾杰·扬斯玛的荷兰小学生。她有一位研究新品种土豆培育的老师。而你知道如今全荷兰最受欢迎的土豆叫什么吗？是的，就是“宾杰土豆”。为什么会以她的名字命名呢？因为所有人都喜欢小宾杰。

献给王后陛下的平民食物

忘记松露、鱼子酱跟龙虾吧，因为平民食物才是最棒的。知道这是为什么吗？很简单，因为平民比有钱人多，而且平民也得吃饭，所以为平民们做的食物就更多。而做的食物多了，就需要更多厨师。而厨师多了，出好厨师的概率也就提升了。哈哈，你是不是有点被绕晕了？简而言之，有很多优秀的厨师都是做平民美食出身的。而且因为平民们买得起的食材没有有钱人那么多，所以这些厨师个个都是利用有限食材做出美味食物的高手！

什么？你不信？这么跟你说吧，炸薯条、煎饼、比萨都是典型的平民食物哦！就拿比萨来说，其实做比萨很简单，只需要一点面粉、一些番茄、一些奶酪跟一点香料就可以了。在意大利的集市上买的话连一欧元都不到，可味道却棒极了！

1889 年，意大利王后玛格丽特也发现了这一点。当时，她正在环游自己的国家。在途经那不勒斯的时候，她发现满大街的人都在吃着香喷喷的比萨。这让她非常好奇，也想亲自尝一尝。于是，那不勒斯人请来了镇上最好的比萨厨师为王后做比萨。为了向王后表达敬意，厨师决定用意大利国旗的颜色来做比萨：新鲜罗勒叶的绿，马苏里拉奶酪的白，番茄的红。王后觉得味道如何？应该不难猜到吧：她觉得这是自己吃过的最美味的食物之一！从此，这种比萨就被称为“玛格丽特比萨”。

意大利肉酱面

说到意大利肉酱面，大家应该觉得没有什么比这个更能代表意大利美食的了吧？但你知道吗，一位真正的意大利厨师宁可切掉自己的手指也不愿意做这道菜。这是为什么呢？因为意大利人觉得美味的番茄酱应该搭配口感筋道的意大利扁卷面，而不是细细的意大利直面。

如今我们熟悉的意大利肉酱面其实并非来自意大利，而是美国。美国人还喜欢在酱汁中加入一些大肉丸，这是意大利人完全无法接受的。

意大利肉酱面让意大利厨师们感到名誉受损，尤其是当他们发现意大利肉酱面居然风靡全球时，简直气炸了。1982 年，一群意大利美食界最优秀的人才——来自意大利烹饪学院的大厨们汇聚一堂。他们商量着至少应该让这道假意大利菜中的酱汁能够保持意大利的原汁原味，于是他们开始设计制作一款“官方酱汁”。开始时，争论异常激烈：有些厨师觉得应该用红葡萄酒做酱汁，而有些则认为应该用白葡萄酒；有些厨师觉得应该放大蒜，而有些又极力反对……他们唇枪舌战，有好几次差点儿大打出手……最后，大厨们终于达成共识，制作出了一款“官方酱汁”。

可即便如此，意大利人仍然觉得，就算是这个酱汁也应该配意大利扁卷面，而不是意大利直面。

价格越贵，味道越好！

你知道如何让一款饮品，在不改变成分的情况下，更加美味吗？来，试试给它贴上一个新的价格标签吧——让价格变得更高！相信我，这一招非常有效。美国一所大学的研究人员就证明了这一点。他们让一群受试者同时品尝两种葡萄酒，并告知他们每种酒的价格。最后，研究人员发现，每个受试者都觉得贵的酒更好喝。随后他们修改了酒瓶上的标价，把便宜的酒价格抬高，贵的酒价格降低。结果如何呢？受试者们最喜欢的还是标价最贵的酒。

研究人员还让他们喝几杯同样的酒，唯一的区别是标价不同。果不其然，受试者们还是觉得标价贵的酒更好喝。这项研究更有趣的地方是，他们不仅需要说出他们最喜欢哪种酒，同时研究人员还会用扫描仪器对他们的脑部活动进行测量，观察大脑的活动。他们发现，当人们吃到或喝到美味的东西时，大脑的特定部位就会被激活。你越喜欢某样东西，大脑就越

兴奋。所以，喜欢喝高级酒的人啊，最好时不时也来杯白开水，否则大脑可是会超负荷的哦。

小实验

其实，即使没有酒和扫描仪器，我们也可以轻松复制上面说的实验。只需要准备两种可乐：一种有品牌的可乐（比如可口可乐或百事可乐），以及另一种你能找到的最便宜的可乐。

首先，请给你的测试对象们分别倒一杯有品牌的可乐和一杯便宜的可乐。然后你可以诚实地告诉他们哪一种可乐被倒在了哪一个杯子里。在他们喝完后，你先问一次他们最喜欢哪一种可乐？然后再重复一次刚才的步骤，但这次你要稍微动点手脚：把有品牌的可乐和便宜的可乐分别装进对方的罐子里（这些需要提前准备哦，否则测试对象们就会发现你的意图了）。

最后你还可以跟他们开个小玩笑：让测试对象们在两种可乐之间再选一次。至少表面上你可以这么说，可实际上你给他们倒的是完全一样的可乐。看看他们会怎样反应呢？

神奇的药水

《阿斯泰利克斯历险记》系列漫画里的英雄阿斯泰利克斯拥有一种神奇的药水，能让他突然充满能量、力大无比。如今我们已经不再相信什么神奇药水了，可在古时候却不一样，那时的人们一直都在寻找神奇药水。后来，一名叫安杰洛·马里亚尼的药剂师还真做出来一款神奇药水。而且，巧合的是，他跟阿斯泰利克斯一样也来自高卢，就是今天的法国。他发明的那种可以帮助人们提神的神奇饮料其实就是马里亚尼酒，这种酒由酒精和古柯叶调配而成。是的，古柯叶，用于制造可卡因的古柯叶。以我们现在的眼光来看，这完全就是毒品。虽然马里亚尼酒的效果远不如阿斯泰利克斯的神奇药水，但它确实有一定功效。以至于像著名作家儒勒·凡尔纳、英国女王维多利亚、美国总统麦金莱，甚至教皇利奥十三世等大人物，都公开帮他宣传这款饮料……那时，还真没有什么比这款酒更能帮助人们缓解头痛跟疲劳的了。

另外一位对这款饮料赞不绝口的人是美国医生约翰·彭伯顿。他早年在战争中受了伤，为了缓解疼痛用了各种各样的药物。而这些药物总是让他感到头痛又疲倦。因此，马里亚尼酒对他来说简直就是大救星。只是当时彭伯顿有一个问题：他住在美国的亚特兰大，饮酒在那儿可是不合法的。

因此，他想到一个方法，就是用含有大量糖分的饮料代替酒，没想到竟出奇地好喝！这也使他产生了大规模生产并出售这款饮料的想法。虽然他本人没啥商业头脑，但他的会计师弗兰克·罗宾逊却是一把经商的好手。这位会计师

甚至还为这款神奇的饮料想到一个好名字：可口可乐。他用当时会计师们惯用的优美笔迹在瓶子上写下了这个名字。如今，120 多年过去了，字体依然没有改变。

在彭伯顿之后的几年，几百英里[1]以外的一位药剂师发明了一种能够治疗肚子疼的药水。这种药水含有胃蛋白酶（一种消化酶），可以帮助人们解决消化不良的问题并且在短时间内恢复活力。这款饮料里除了苏打水、糖，还加了香草和可乐果。所以，当时他给这款饮料取名为“百事可乐”（Pepsi Cola，Pepsi 有“消化”的意思，Cola 指可乐果）。很快，这款饮料也受到了大众的追捧。

原来，今天很受欢迎的两种可乐，早在 100 多年前就开始流行了！不过，如今可乐里的成分已经大不相同了，可卡因更是早就不存在了。我们现在喝的可乐里包含了哪些成分呢？很遗憾，这可是最高机密。如今，可口可乐的原始配方仍然妥善保存于保险箱中。如果你还是很好奇，那就仔细看看百事可乐的标签吧。我想味道如此相似的两种饮料，成分应该也大同小异。

1　1英里约等于1.6千米。

好喝并不代表更好

在20世纪80年代，百事可乐有了一个很重要的发现：比起可口可乐，大多数人更喜欢百事可乐，但喝可口可乐的人却比喝百事可乐的人多。为了扭转局面，百事可乐决定展开一场大型的营销活动——“百事可乐大挑战”。这是一场美国全民都可以参与的盲测挑战赛。人们需要闭上眼睛，分别品尝百事可乐和可口可乐，然后再选出哪一款可乐更好喝。活动效果非常好：后来，很多人从选择可口可乐转向了百事可乐。

这下可口可乐就坐不住了，他们很快做出了反击：火速让研

发人员返回实验室，要求他们务必做出一款比百事可乐还好喝的可乐。经过反复实验，他们终于做出了一款新品，并进行了一场大规模的宣传活动。宣传口号是:“新版可口可乐，世上最美味!”可事实证明，那是一个巨大的失败。

所有人都强烈希望老版可口可乐可以回来，人们似乎根本不在乎新版的口味是否更好。显然，可口可乐完全没能理解客户的需求。而当他们把老版的可乐以“经典可乐”之名重新投放市场后，立刻掀起购买狂潮。如今，经典可乐早已作为“普通”可口可乐畅销多年。而新版可口可乐呢?它啊，早已成为历史啦!

土豆国王

据说，普鲁士腓特烈大帝的陵墓一眼就能被认出来，人们甚至不需要去读墓碑上的文字，因为每个缅怀他的人总会在墓碑上放一颗土豆……

18 世纪下半叶，正值弗雷德里克国王（普鲁士腓特烈大帝）统治时期。那时的欧洲动荡不安，战火连绵。哪里有战争，哪里就有饥荒。原本在土地上劳作的人们必须从军，导致土地荒废无人种植。所以统治者们开始寻找一种能让土地生产出更多食物的作物。其实，那时的农业专家已经知道有这样一种作物存在了，那就是土豆。但问题是，当时所有人都以为土豆有毒。会这么想也不完全是错的，因为土豆的叶子的确有毒。但它的块茎部分，也就是土豆本身，实际上非常可口。但那时几乎没有人知道这一点，所以大家都拒绝吃它。只有在孤儿院里，厨师们会偷偷在汤里放一些土豆块，好让汤变得更浓稠一点。但这是天大的秘密，绝不能让别人知道。因为一旦泄露，就是巨大的丑闻。

当弗雷德里克国王知道土豆没有毒后，他开始下令让人们大面积种植土豆，这就是历史上著名的“土豆令”。但当时的农民们却纷纷拒绝接令，“农夫不吃不认识的东西”这句谚语便出于此。实在没办法，国王只好派兵到田里看着农民们，以确保每寸土地都种上了土豆。就这样，1755 年夏天，土豆大获丰收，可人们宁愿饿死也不肯吃土豆。

弗雷德里克国王见状，召集了数百名农民和士兵，让他们一起看着自己吃下一整盘热气腾腾的土豆。所有观众都屏住呼吸站在一旁，心想着国王什么时候倒地？但那一刻却始终没有到来。相反，弗雷德里克国王吃得红光满面，甚至还要了第二盘。随后，几名胆子大的人也报名品尝了土豆。故事的结尾让人振奋，普鲁士王国免于大规模饥荒，军队恢复了力量并打败了所有的敌人。

在普鲁士腓特烈大帝去世数年后，拿破仑击败了普鲁士人。胜利后，拿破仑参观了弗雷德里克国王的陵墓。他跪在墓碑前说：“如果他还活着，我们就不会站在这里了。”也许是出于钦佩，拿破仑还在土豆王的坟墓前放了一颗土豆。

薯条大战

作为西方世界最受欢迎的美食之一，在法国、美国、比利时等国都能见到薯条的身影。不过，这种人间美味是从哪里来的？到底哪个国家才是“薯条的发明者”呢？

这我们还要从原材料说起……制作薯条的土豆源于南美洲，而最早发现土豆的欧洲人是一群西班牙水手。确切地说，是在1533年。几年后，他们把一些土豆带回了西班牙。当然，这时的土豆还只是土豆，并不是薯条。

法国人认为是他们最先发明了薯条。理由也很简单：法国有世界上最好的厨师，而薯条又是这世界上最好吃的食物之一，那么薯条一定就是法国人发明的。据他们自己说，著名法国主厨奥诺雷·朱利安便是薯条的发明者。大约在200年前，他为他的老板——美国总统托马斯·杰斐逊发明了这种食物。

不过直到今天，当比利时人听到某些傲慢的法国人又在吹嘘薯条是“他们的”发明时，依然会气得发抖，恨不能发动一场战争理论清楚。这是因为比利时才是全球著名的薯条之国。在这个世界上，没有哪个国家比比利时人更爱吃薯条了，事实上他们也的确比奥诺雷·朱利安更早就开始炸薯条了。早在1680年，我们甚至能说出具体的位置：比利时迪南市。那时当地人很喜欢把从默兹河里钓上来的小鱼用油炸了吃。当河流结冰时，他们就会把土豆切成小鱼的样子，来代替真正的鱼炸着吃。不过，虽然这个故事听起来挺有趣的，但我们已无法考证它的真实性了。好在也不重要啦，因为薯条的真实起源时间很有可能

更早哦。

还记得是谁把土豆从南美洲带回来的吗？对了，是西班牙人。那又是谁喜欢把各种食材，无论是鱼、肉还是蔬菜都一股脑儿地往油锅里扔呢？没错，也是西班牙人。所以谁才是第一个开始炸薯条的人呢？没错，还是西班牙人。只是如今西班牙人却完全不吃薯条了。因为他们发明了一种类似的食物——淋上浓厚番茄酱的炸土豆块。其实，这道菜跟淋有番茄酱和蛋黄酱的薯条很相似，不过老实说味道还是差了一点点。因为嘛——真正的薯条就是应该裹上厚厚的蛋黄酱，并且装在尖底薯条袋里享用。而这可是比利时人发明的！

为何英国人更喜欢在薯条上放醋而不是蛋黄酱

在很多食品的包装上，你都能看到有一种叫“乳化剂”的东西。它听上去像是一种既古怪又不太健康的化学物质。但其实乳化剂可以是很多东西：鸡蛋、淡奶油，甚至某种佐料。乳化剂是一类可以将不同物质混合在一起的物质。如果滴一点油在水里，你会发现这是两种完全不相溶的物质，油始终都浮在水上。虽然用力摇晃后，它们会短暂地混合在一起，但也就一小会儿，你会发现油又渐渐浮起来了。而乳化剂则能让这些物质保持良好的混合状态。

蛋黄酱就是一个很好的例子，它是一种由乳化剂合在一起的混合物。在油中倒入一些柠檬汁，你会发现两者无法相溶。但如果你放一个蛋黄进去并搅打一阵子，就会做出一种非常美味的黄白色奶油酱——蛋黄酱。

关于蛋黄酱是如何被发现的故事有好几个版本，其中最精彩的故事发生在梅诺卡岛，如今它是西班牙的一部分。当时，法国德·黎塞留公爵命令他家的厨师准备一场盛宴——因为法国人在那里刚刚击败了英国人，必须得好好庆祝一番。

厨师为一道菜设计出了一种包含油和柠檬汁的酱。他希望能用淡奶油将这些原料混合在一起。但因为战争，那时岛上已经没有活奶牛了，自然也就没有牛奶和奶油。于是他开始尝试使用其他的原料作为乳化剂，最后他发现蛋黄可

以。由于宴会举办地在马翁，所以起初这种酱被称为“马翁酱”，后来才改名为“蛋黄酱”。

我们不知道这个故事是否属实，但它确实解释了一件事：那就是放眼整个欧洲，我们都特别喜欢蛋黄酱，尤其是拿它来配薯条。只有英国人持有不同的意见，他们更喜欢在薯条上放醋。这或许是因为蛋黄酱让他们联想起了在马翁的那场败仗。他们宁愿品尝醋的酸，也不愿再品尝战争失败带来的苦了。

理发师的能量盒子

虽然那些最知名的菜肴往往都是由像奥古斯特·埃斯科菲耶、保罗·博古斯、费兰·阿德里亚或赫斯顿·布鲁门萨尔这样的大厨们创作发明的，但我们也可以自豪地在这个行列中添加两个名字：纳塔利尔和艾梅勒。他们俩就是发明“美发沙龙”这道菜的烹饪天才。多年来，“美发沙龙”一直是各类小吃店及烤肉店最受欢迎的菜肴之一。如果你从来没吃过“美发沙龙”，现在应该是满头问号对吧？“美发沙龙”究竟是什么呢？为什么一种小吃会叫“美发沙龙”？它又是如何火起来的呢？

首先，我来解释一下“美发沙龙”到底是什么。其实，它应该被称作“薯条全家福”。没错，因为几乎所有能放的食材都被放进去了。你可以想象一下，一盒薯条，上面放了（听好了啊）：烤肉、奶酪、生菜、黄瓜、蕃茄、蒜酱和参巴酱。是不是听上去就很好吃？事实上也的确很好吃，否则也不会这么受欢迎了。

现在，我们再来聊聊它古怪的名字。这还要从它的起源地说起，一家位于荷兰鹿特丹市的烤肉店……旁边的理发店。在那儿工作的理发师们只要肚子饿了，就喜欢在隔壁点烤肉、薯条和沙拉。有一天，店主纳塔利尔突然灵机一动，想到如果用奶酪盖在薯条跟烤肉上，然后把它们一起放在烤架上烤一会儿，再把生菜跟酱汁倒在上面，应该会更好吃吧。事实证明这样的做法的确非常棒！而且自从尝试了这种新式吃法后，理发师们就再也不愿意吃别的了。特别是艾梅勒在的时候，因为她做的最好吃。在那之后，理发师们只需要点“美发沙龙”，烤肉店的服务员立马就懂了。店里的其他顾客也纷纷跃跃欲试，于是这道菜大火，先是在鹿特丹，然后逐渐火到了荷兰的其他地区，之后又火到了弗莱芒，据说现在甚至火到了尼泊尔。

不过，目前“美发沙龙”仍然是纳塔利尔和艾梅勒唯一的烹饪发明。不过想想这也不奇怪。因为只要一盒“美发沙龙”下肚，一整天的热量就够了，其余时间都不需要再吃任何东西。而且，你说在一道号称“全家福”的菜肴中，还能加点什么呢?

节俭

你知道如何在咖啡馆里迅速找出荷兰人吗？如果看到四个大男人，用四根吸管分享一瓶啤酒，那肯定就是荷兰人啦。荷兰人可是出了名的节俭，在欧洲甚至流传着这样一个笑话：两个荷兰人在飞机上同时发现了机舱中的一枚铜币，两个人不仅眼尖而且都身手敏捷，同时抓住了铜币。只是两个人都坚称是自己最先看见铜币的，谁也不愿意松手，于是两个身强力壮的荷兰人都使出吃奶的力气拼命往后拉，结果铜币被越拉越长，最后被硬生生地拉成了一根铜线……

荷兰人在全世界都以节俭著称，也正因为这样，好多人都以为刨奶酪器是荷兰人的发明，其实不然，刨奶酪器是挪威人发明的。确切地说，是由挪威的家具制造商索尔·布约克伦德于1925年发明的。在绝大部分国家，奶酪都是用普通的刀切。布约克伦德觉得用刀切的奶酪片太厚了，所以就想改用木片机切，但那东西太大并且会有木屑掉进奶酪里，于是他便发明了刨奶酪器。

起初他是唯一一个使用这种工具的人。但当他的朋友们看到他使用后，也纷纷表示想要一个。后来，布约克伦德干脆决定找工厂进行批量生产。如今这座工厂仍然存在，并且还在生产刨奶酪器。然而让刨奶酪器获得空前成功的地方却并不是挪威，而是荷兰，在荷兰平均每个家庭都有两到三个刨奶酪器。

另外，你听说过“舔瓶器”吗？这是一种荷兰常见的用来刮蛋奶冻或酸奶瓶的小工具。这总该是荷兰人发明的了吧？还真不是。这仍然是一项挪威发明。然而这个东西在挪威本地却很难找到，反而在荷兰更常见。不过这跟节俭无关，是因为荷兰人超级喜欢吃蛋奶冻，而它们恰好以前是装在玻璃瓶里的……

宁死也要吃

你肯定听大人们说过：零食吃太多是不健康的。比如，要是汉堡和薯条吃太多，就会摄入大量的劣质脂肪。所以，如今好多快餐店都开始努力让自己的菜品尽可能健康一点，比如餐厅在制作菜品时会使用更少更优质的脂肪，并且提供像沙拉那样的健康食物。然而，是不是所有的快餐店都开始这样做了呢？答案是并没有。

有一家名叫“心脏病烧烤”的快餐店就反其道行之。之所以叫“心脏病烧烤”，是因为店里供应的食物含有大量的劣质脂肪，很可能会导致动脉阻塞从而引发心脏病。还有一个原因是，老板觉得自己餐厅的食物美味至极，值得冒死一吃。当然，这仅代表餐厅老板的主观意见哦。

在这家店，你是买不到沙拉的，汉堡里也坚决不放任何蔬菜。薯条倒是管够，想吃多少就拿多少，不过薯条是用最不健康的脂肪——猪油炸的。

他们的汉堡叫作“搭桥汉堡”。所谓“搭桥”是指一种在心脏病发作后可能需要接受的手术，类似给心脏做“交通分流”，帮助疏通阻塞的动脉，引导血液流动。在心脏病烧烤餐厅，客人可以点搭桥汉堡、双层搭桥汉堡、三层甚至四层搭桥汉堡——由两片猪油煎面包、四大块牛肉饼、四片奶酪组成的超级巨无霸汉堡。只要一个下肚，就相当于摄入了一天所需热量的三到四倍了。

这是不是听上去超级不健康？没错。幸运的是，你会发现在这家餐厅里有很多护士走来走去。而不幸的是，这些都不是真正的护士，而是穿着护士制服

的普通女服务员。她们会将吃完晚饭的你放在一辆轮椅上，温柔地推出餐厅大门。或许对于那些吃得太多以至于都站不起来的客人来说，有这样的服务的确挺贴心的。

马鞍下的肉

话说汉堡到底来自哪里？美国西部，还是遥远的东方？不管你信不信，可答案就是第二个。虽然汉堡可谓美国的象征，但它的确是亚洲人发明的！

汉堡起源于 13 世纪的蒙古帝国，那是成吉思汗的国度，蒙古帝国的疆域内有许多鞑靼人。这位蒙古统治者的骑兵是第一批将汉堡纳入日常食谱的人。早上，他们会把一块牛肉放在马鞍下面，然后在上面骑上一整天。到了晚上，马鞍下的肉就变成了柔软扁平的一块。这种鞑靼式牛排，就是我们现在所熟悉的

鞑靼牛肉。鞑靼牛肉属于汉堡的一种，是由非常瘦的肉做成的。

不过，人们很快便发现，想要做鞑靼牛肉也不一定非得一整天都坐在马上，事先将肉切得很细也可以——欧亚大陆另一端的德国汉堡居民就是这样做的，那里也是汉堡牛排的发源地。汉堡牛排是一种类似肉饼的食物，然而它仍与我们熟悉的汉堡相去甚远。现在我们吃的汉堡起源于美国小镇纽黑文。在 1900 年，一家名为“路易斯的午餐”的餐厅来了一位顾客，他希望点一份能够带走的快餐。厨师便在两片烤面包中间放了一片烤肉饼，由此世界上第一个汉堡诞生了！

如今这家餐厅仍在营业，而且还能买到汉堡，做法也和 100 多年前完全相同——两片烤面包中间放一片烤肉饼。如果顾客愿意，也可以加番茄、奶酪和洋葱。只要你不点芥末酱或者番茄酱就行，不然你可就麻烦了。店员会说：“我们可不是汉堡王！”店里的一面墙上甚至挂着一个大牌子，上面写着：“要么就按照我们的规矩吃汉堡，要么就另寻他处吧。”

当然，如果所有汉堡店的厨师都是这种态度的话，估计汉堡也不会像今天这样受欢迎了。其实，直到 1904 年，汉堡才在美国圣路易斯的一次大型贸易展上被公众注意到。当时来自世界各地的数千人齐聚一堂，展会上售卖的汉堡获得了大家的一致好评。那时的汉堡已经跟今天我们所熟悉的快餐连锁店（例如麦当劳或汉堡王）卖的汉堡非常相似了。值得一提的是，在那次展会上，汉堡并不是唯一的明星食品。同时亮相的蛋筒冰激凌、热狗、胡椒博士饮料和冰茶，均大受欢迎。我想对于快餐和碳酸饮料爱好者来说，那届展会应该具有里程碑般的意义……

汉堡配鸡肉跟苹果酱

同很多美国人一样，迪克跟麦克·麦当劳两兄弟经营着一家普通的餐厅。但不同的是他们的菜单上只有三种食物：汉堡、薯条和奶昔。这意味着，那些去麦当劳餐厅吃饭的顾客并没有多少选择，不过好在食物都很新鲜。餐厅坐落在繁忙的高速公路上，每天都有成千上万饥肠辘辘的司机们经过。为此兄弟俩

还特别想出了一个如闪电般迅速的备餐方法，结果大获好评。

有了一家如此成功的餐厅，大多数人肯定会想趁热打铁再开一家类似的餐厅。顺利的话，说不定可以利润翻倍。可是精明的麦当劳兄弟并不打算这么做，而是想出了另一个方法：把餐厅的加盟权卖给别人。这也就意味着加盟的人可以开一家完全相同的餐厅，一样的名字，一样的菜单，一样的装修。这样一来兄弟俩什么都不用做就能赚到更多的钱了。而对于加盟的人来说，也是件好事。因为他们知道，有了麦当劳的成功模式，他们自己成功的机率也会增加。

1954年的某一天，一位叫雷·克罗克的商人走进麦当劳餐厅，想要推销自己公司的奶昔机。通常，运气好的时候，他的客户会买上一台奶昔机，但绝不会买第二台。但麦当劳兄弟却一口气买下了八台。而当克罗克听到兄弟俩不用加班就能赚更多的钱时，他想他也要这样！于是他先是成了麦当劳兄弟公司的合伙人，后来干脆从他们手里把公司买了下来。

慢慢地，麦当劳越来越有名，全球各地的加盟店也越来越多。1971年，麦当劳在荷兰开了第一家餐厅。从当时的菜单一看便知，这是一家不折不扣的荷兰麦当劳：除了汉堡，餐厅还提供鸡肉、苹果酱、荷兰豌豆汤跟可乐饼。

然而，克罗克后来却与麦当劳兄弟起了争执。其实就在克罗克买下麦当劳时，他就提出希望兄弟俩能把第一家麦当劳餐厅卖给他，但他们始终没有答应，这让克罗克十分生气。不过想到现在麦当劳都有3万多家餐厅了，少一家好像也没那么难受了。

脆脆的就是好吃

想吃薯片却发现不太脆了，怎么办？别慌，上网随便找一段嘎嘣脆的吃薯片声音，边播边吃。发现了吗？没错，薯片一下变脆了！想做个培根煎蛋但培根不够了，怎么办？咱们也可以用类似的方法解决：上网找一段培根在平底锅里被煎得滋滋作响的声音播一播。培根的味道瞬间就变浓郁了。可乐没气了，怎么办？哈哈，想必聪明的你已经猜到了：找一段碳酸饮料咕嘟咕嘟冒泡的声音，有奇效！

这背后的原理是什么呢？因为，我们的感官会欺骗自己：比如吃薯片那嘎吱嘎吱的声音会让我们觉得手里的薯片更脆。不仅仅是声音，当我们喝下一杯带有覆盆子香味的含糖酸奶时，也能尝到覆盆子的味道哦。所以从某种角度来说，鼻子跟耳朵也算是舌头的一部分呢！

受此启发，英国一家餐厅会在上某些菜品时配上特定的声音。比如，吃牡蛎时，顾客能听到大海的声音，这样一来牡蛎吃上去就更加鲜美了。不过这并不适用于所有食物。你想想啊，就算是听到鸡咕咕叫，鸡蛋的味道也不会更“蛋”。同理，蜂蜜也不会因为你刚被蜜蜂蜇了就变得更香甜。

皇家可乐饼

在麦当劳的菜单上，我们常常能看到它所在国家的特色美食。比如，在以色列，顾客能吃到烤肉；在葡萄牙，他们会提供西班牙冷汤——一种当地人很喜欢的冷汤；而在荷兰，则会供应麦可乐饼。这世界上恐怕没有人比荷兰人更喜欢吃可乐饼了，但这并不代表可乐饼就是地道的荷兰菜。比如，比利时人爱吃虾肉可乐饼，西班牙人则经常吃填满鱼肉的可乐饼；而在意大利，有种米做的可乐饼非常受欢迎，人们称它为“小橙子”。

国王威廉一世可能是第一个吃可乐饼的荷兰人了。荷兰现存最古老的可乐饼做法就记载于国王御厨写的食谱里。但可乐饼并不是荷兰人的发明。大约在300年前，法国人就开始做这种食物了。起初，可乐饼看上去更像今天我们熟知的荷兰炸肉丸。当然，荷兰炸肉丸也算一种可乐饼，只是形状不同。

今天，很多人都觉得可乐饼很不健康，但有位知名教授却并不同意这种观点，他还写一些文章为可乐饼正名——可乐饼并不比奶酪三明治不健康。其实想想看，就算是以健康著称的蔬菜三明治，里面除了生菜、黄瓜、番茄外，也会有奶酪，那为什么要拒绝可乐饼呢？既美味又健康，岂不美哉！

可乐饼其实挺健康的？

食物可不都是用来吃的哦

你遇到过家里蚊子到处飞，却没有驱蚊剂的情况吗？别担心，这并不代表你就一定会被叮得满身包。去厨房拿个小碗，往里面倒一些葵花籽油，再淋上一点柠檬汁：取一点擦在皮肤上，很快就能止痒；把碗放在身边，驱蚊效果也很不错。如果身边有黄蜂飞来飞去怎么办？试试拿一个啤酒瓶，往里面加一点柠檬水糖浆，这样一个完美的黄蜂诱饵瓶就做好啦。发现家里浴室积满水垢不再光亮了吗？蘸一些白醋来擦拭瓷砖吧，你会发现水垢就像阳光下的雪一般迅速消失了。

所以食物呢，并不一定是用来吃的。我们可以用它做 1001 件事。说到这点，制造香皂和洗发水的行业最有发言权了。在他们眼中，我们的皮肤也像长了舌头似的。市面上，我们对那些加了鸡蛋或啤酒的洗发水已经见怪不怪了，更别说加了绿茶，甚至薄荷茶的洗发水了。请注意，这些都是给你的头发“享用”的哦！再看看香皂那边就更疯狂了。我们去任何一家药妆店，都能看到一排排加入燕麦、蜂蜜、香草、洋甘菊、酸奶及各种水果的香皂。护肤霜那边的情况也差不多，不仅加入了能让皮肤更光滑的桃子，还有除皱抗老的榛果。更滑稽的是，我们吃的口香糖和糖果中放的是人造水果香料，而我们用的香皂里加的可是真正的水果。

相信把所有能想到的食物或饮料都放进洗发水、香皂或护肤霜的那一天终会到来，但大家不必大惊小怪，化妆品界肯定还憋着其他大招。不出意外，在未来的某天，我们会用上“新鲜菠菜松子鲑鱼味”的洗发水来洗头哦。

洗发水
松子
鲑鱼味
0,3 ℓ

热狗

大约在一个半世纪前，德国屠夫查尔斯·费尔特曼开始向纽约的餐馆售卖自己做的咸味馅饼。但顾客们对于他那过于单一的菜单并不满意。他们问费尔特曼："你就不能卖热面包吗?"费尔特曼当然想啊，奈何他只有一辆小马车，不可能放得下一个像样的厨房。不过他没有放弃这个想法，经过反复思考，他觉得可以试着卖加了热香肠的面包。因为卖这个只需要一个能加热香肠的小电炉即可。后来这些香肠面包获得了巨大的成功。

德国人还给这种香肠取了个名字，叫"腊肠犬"。因为这种猎犬虽然腿很短，但身体却很长，跟香肠颇有几分相似。美国人觉得德国人取的名字很有意思，索性就直接叫它"热狗"。如今，世界上恐怕没有比美国更爱吃热狗的地方了：美国人每年都会吃掉约 200 亿个热狗。能保持这么高的数字，应该归功于乔伊·切斯特纳特：他可以在 10 分钟内吃下 76 个热狗[1]，美国体育频道称之为"美国历史上最伟大的体育成就"。

1 2021年7月，乔伊·切斯特纳特凭借这一成绩夺得当年美国吃热狗比赛冠军，这一成绩被载入吉尼斯世界纪录大全。

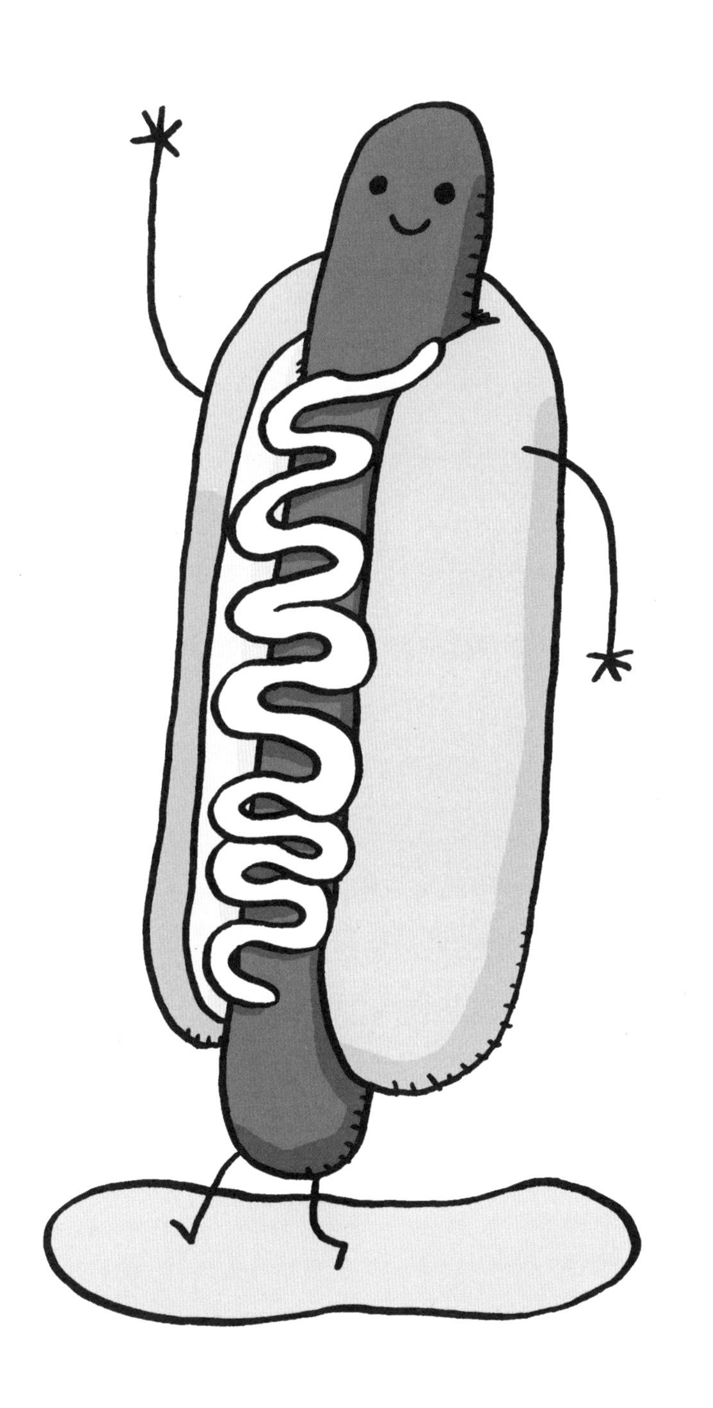

世界上最昂贵的比萨

想必大家都知道，打广告很贵，特别是电视广告，几秒就是数千欧元。也正因为如此，意大利主厨多梅尼科·克罗拉打起了另外的主意，他希望在不花一分钱的情况下让每个人都知道他位于苏格兰的餐厅。那么，他是怎么做到的呢？方法就是——做一块世界上最昂贵的比萨，效果真的立竿见影！世界各地的报纸和电视台蜂拥而至，争相报道了这块售价为 3000 欧元的比萨。此举也让克罗拉与他的餐厅一夜成名。

这块天价比萨上都放了哪些食材呢？在昂贵的干邑白兰地中浸过的龙虾，浸泡在香槟中的鱼子酱，各类野味，鲑鱼……还有可食用黄金。不过，使用了如此多昂贵食材的比萨却并不是最好吃的比萨，因为通常比萨需要在高温火炉中迅速窑烤，并且在新鲜出炉热气腾腾时才是最好吃的。而有了这些食材就没办法这样做了。

如此昂贵的比萨，克罗拉只做过一次。享用它的幸运食客是一位来自罗马的律师，他在情人节点了这块比萨，作为送给妻子的惊喜。主厨特意飞到意大利亲自送比萨上门，所以这还是一块不折不扣的外卖比萨。

毒

过去营养专家常常告诫我们，应该多吃健康食品，少吃垃圾食品。如今他们又增添了一条：注意食品安全。因为稍不留神就有可能中招。每个人都有可能因为吃到不卫生的食物而生病，即便身体跟士兵一样强壮也不能幸免。英国军队在这方面极有发言权。从前他们那儿有位军厨，压根儿不在乎什么食品安全问题，他的厨房里总是苍蝇乱飞……请注意，如果你已感到不适，请停止阅读下一段吧。接下来的故事可能有点令人反胃。

苍蝇没有嘴，也没有牙齿，只有一种类似吸管的器官，用来吸食液体食物。而它们是如何液化食物的呢？很简单，将某种物质吐在食物上面。苍蝇胃里有一种物质，可以把所有食物都变成糊状。所以，那名军厨准备的食物上沾满了苍蝇的呕吐物。而这些呕吐物里含有大量的细菌，从而导致士兵们纷纷病倒，无法继续战斗，最后输掉了战争。

另外，能引起疾病的可不仅仅是苍蝇哦。假如我们没有以正确的方式烹饪鸡蛋或肉类，吃后也会生病。因此，两名飞行员在驾驶同一班飞机的时候是不允许吃同样食物的。假如他们吃了同样不干净的食物，就没人可以驾驶飞机了。

不过要说最危险的应该还是鱼类。虽然概率很小，可一旦鱼感染了某种细菌，身体里就会开始产生肉毒杆菌毒素，这种毒素只需一茶杯的量就足以消灭整个地球上的人！顺便说一句，可能你不信，但这种毒素还挺受某些人欢迎的。

因为它有抗皱的功效，这些人满脸都是这玩意儿。只是用在脸上的时候，它就不叫“肉毒杆菌毒素”了，而叫“肉毒毒素”。

食气者

什么都吃的人，是“杂食者”。

不吃肉但吃鸡肉的人，是“禽素主义者”。

不吃肉但吃鱼的人，是“鱼素主义者”。

不吃肉也不吃鱼的人，是“素食主义者”。

不吃任何动物来源的东西，包括鸡蛋、黄油或牛奶的人，是“纯素食主义者”。

然而你知道吗，还有一群完全不吃东西的人，他们被称为“食气者”。

什么?! 是的，你没听错，就是吃空气。他们的官方称呼是“食气者”。可是人不吃饭会死的，对吧？嗯，通常是这样没错。但食气者们不会。他们声称自己仅靠空气和阳光就能生存，只在极少数情况下，才会用一杯水、茶或酪浆犒劳下自己。来自印度的希拉·拉坦·马内克是一位食气者。研究人员对他进行了多次检查，结果发现，在被日夜监测期间，他的确不吃任何东西，就只喝水。每次监测结束后，他的体重会下降很多。可奇怪的是，在没有被监测的时候，他的体重则会神秘地增加……

来自美国的维利·布鲁克斯是另一位著名的食气者。他声称自己已禁食 30 年，甚至还开设了“如何禁食”的课程。但是，这一切在有人偶然撞到他一手麦当劳巨无霸汉堡一手可乐后，便显得没那么可信了。还有一位自称“洁丝慕音”的女士，她号称可以靠一杯茶活好几个月。可当研究人员在她的橱柜里发现了各式各样的零食后，便对此产生了怀疑。她本人倒是很想继续做身体检测。可医生仅在四天后便将实验喊停了：因为这位女士变得非常虚弱，几乎到了危及生命的状态。

看到这儿你可能会问了，难道就没有一个真正的食气者吗？你别说，没准还真有。从前，有位叫吉利·巴拉的女士，她出生于 1868 年，并在 1880 年停止进食。有证据表明，她至少活到了 68 岁，但也有人说她至今仍然活着。似乎正是因为她不吃东西，所以才能如此长寿。可遗憾的是，在过去的 50 年里，没有人再看到过她，我们也不能确定她是否还活着。但假如你在某处看到一位至少 140 岁的女士，那一定就是吉利·巴拉了。不过在那之前，你最好让你的肺部“吃饱”空气，至于肚子嘛……管它呢，咱想吃啥就吃啥。

黄色番茄酱

番茄酱的主要成分是什么？没错，是番茄。那你知道世界上的第一款番茄酱恰好缺了什么吗？呃，也是番茄……其实这也不奇怪。虽然早在 17 世纪番茄酱就已经出现了，但那时番茄还远远没有现在这么受欢迎。在很长一段时间里，大家甚至觉得番茄有剧毒，所以不敢轻易尝试带有番茄的食物，更别说那时的番茄还特别贵了。

直到 1800 年后，真正加了番茄的番茄酱才开始出现，而人们也渐渐开始喜欢上那美味的黄色酱汁。什么，黄色？没错。这是因为以前的番茄都是黄色的。在意大利，人们叫它“金苹果”。而现在人们更喜欢红色的番茄，是因为红色能让我们更加直观地看到番茄是否已经成熟。另外，红色看上去似乎也更加美味。于是，人们便开始大面积地种植红番茄了。

那么，世界上第一款番茄酱里都放了些什么呢？这么说吧，除了番茄啥都有：凤尾鱼、洋葱、柠檬皮、白葡萄酒、蘑菇、丁香、核桃，还有好多香料，特别重口味。当时，番茄酱的作用就是给清淡的菜肴增添味道。

其实，我们可以用任何食材做番茄酱，比如黄瓜或菠萝，或者其他食材都可以。在菲律宾最受欢迎的是香蕉番茄酱，而在美国曾经有几十款不同的番茄酱在售。番茄酱几乎都会加入凤尾鱼、醋、糖跟蘑菇，这是最重要的几种调味料。除此之外，我们可以自由加入其他任何食材。在亨氏番茄酱的瓶子上，我们经常见到“57 个品种”这句经典广告语。可实际上远远不止这些，只不过“57”是亨氏先生最喜欢的数字罢了。

“含铁大户”苹果糖浆

很久很久以前，每到秋天人们都会面临同一个问题：面前堆满了香甜可口的苹果，而每人只有一个肚子。

虽然苹果可以保存，但保存时间并不长。于是，人们想出一个方法：把苹果煮沸，直到水分蒸发，变成一种几乎一半都是糖的黏稠物。这样一来，苹果的保存期就大大延长了，并且又甜又好吃。

这种黏稠物其实就是我们现在常吃的苹果糖浆的老祖宗。人们还发现添加蜂蜜后，糖浆不仅更甜，保质期还能更久。后来到了中世纪，糖浆便是由糖制成的了，尽管当时糖还非常昂贵。如今我们很喜欢用“红菜头汁”来让糖浆变得更甜。而“红菜头”是不是听上去颇有一点异域风情，甚至感觉挺健康的？那你可别上当哦，这其实就是一种甜菜。

关于苹果糖浆还有一个有趣的小故事。据说，苹果糖浆以前是以铁含量高而闻名的，人们认为这可能跟盛放糖浆的容器是铁锅有关。所以当人们改用其他容器后，以为含铁量会降低，制造苹果糖浆的工厂就开始自己添加铁，毕竟铁对我们的身体非常重要。

你觉得这个故事是真的吗？或许部分是吧。只是工厂其实根本就不需要自己加铁进去，因为苹果糖浆本身已经含有大量的铁啦。

噢！苹果含
铁量很高。
咔哒！

珍贵的番红花

听说你喜欢番红花，而且你家花园中就种满了这种花？恭喜你，这可是能让你变成大富翁的好东西。番红花又叫藏红花，是世界上最昂贵的香料。为了购买这种花的柱头，厨师们可是愿意花大价钱的哟。1 克优质的藏红花价格高达 15 欧元[1]。所以只要几千克收成，就能拥有不菲的进账啦。当然到底能赚多少也要取决于你家花园的大小，因为大约 30 万朵藏红花才能有 1 千克的收成……天啊，难怪那么贵！幸好普通人平时做饭也用不上什么藏红花。它一般作为菜肴的着色剂、增香剂和调味剂出现在印度菜跟西班牙料理中。而且只需几丝藏红花就能做出一大锅黄灿灿的米饭啦！

如今也有不良商家售卖假藏红花，这些假藏红花看上去跟真的一模一样。如果单凭肉眼难辨真假，那可以尝出真假吗？很可惜，藏红花的花柱是不能直接放在嘴里尝的，味道非常糟糕，当然我们也不能随便浪费如此珍贵的香料。最好的鉴定方法可能是直接在商店里做一大盘西班牙海鲜饭。味道不错？那大概率就是碰上真正的藏红花了。另外，顺便说一句啊，可千万别把藏红花的柱头拔下来吃，因为那些春天开在你家花园里的藏红花可是有毒的！

1　1欧元约合7.27元人民币。

价值连城的蘑菇

你吃过真正的松露吗？不是松露巧克力哦，而是一种蘑菇。或许你也跟我一样，无法经常享用它。因为一份包含大量松露的食谱应该这样开头：去楼下报刊亭买一张彩票，中大奖后用奖金买一块上好的松露。是的，这玩意儿真的很贵。2007年，有人发现了一颗重约1.5千克的松露。然后就在24小时后的拍卖会上，这颗松露以33万美元[1]的价格成交——当时全世界的观众都通过视频转播见证了这场传奇的拍卖。其实“松露”这个单词源自德语的“土豆”。可你看，虽然都是从地里出来的，松露的价格可比土豆整整贵了5万倍！

松露最特别的地方应该就是它的气味了，这也是它最主要的功能。通常一道菜里的松露含量都比较少，所以我们只能闻到松露的气味，却几乎尝不到它的味道。但好在气味也很重要，因为一道菜闻起来越香就越好吃。看到这里你肯定会想：松露的气味一定棒极了。是的，美食专家也是这么认为的。但当他们被要求描述松露的气味时，他们会说：像大蒜、香水、煮过头的卷心菜、敞开的下水道、汗袜子、肥料，甚至是男人的腋窝……呃，多少有点一言难尽！

尽管如此，松露最珍贵的部分依旧是它散发出的气味。如果没有它那独特的香味，也就不会如此昂贵了。唯一比较麻烦的是，松露的气味消失得很快。如果保存方式不正确，它会迅速腐烂或干掉。

1　1美元约合6.84元人民币。

松露之所以昂贵还有另外一个原因，那就是它很难被种植。想要获得松露最好的方法就是直接去大自然里寻找。那么，第二个问题来了：松露生长在地下，很难被找到。过去人们主要用猪去找，但是猪也很喜欢这种蘑菇。所以，那时能从猪嘴里拿出没啃过的完整松露，还真不是件容易事儿。松露猎人眼睁睁地看着大笔财富消失在猪嘴里的情况屡见不鲜。这就是为什么现在的松露猎人更喜欢用狗去找松露。凭借狗灵敏的嗅觉，松露猎人找松露的速度比以前快多了。还有一些松露猎人会利用被松露气味吸引的苍蝇来找。而真正的资深松露猎人呢？他们只需带上自己的鼻子就行。

酸煮与跳跃沙拉

糟糕！你刚钓到一条肥美的鱼，却发现没带锅，也没有火。别担心，只要身边有柠檬或青柠就行。有了这些，我们就能在不加热的情况下“煮”鱼。这是南美洲人想出来的方法，不用加热只用大量的酸就能把鱼做好，他们称之为“柠汁腌鱼生”：把一条半透明的鲜鱼放入柠檬或青柠汁中，几分钟后它的颜色开始慢慢变白，肉质也慢慢变紧实。如果你想把它完全“煮”透，那就在酸中浸泡三个小时或更久。别担心，放手试一把，即使是厨房小白也能将这道美味做出来！

四人份大约需要400克肉质细嫩的鱼（比如狼鱼或大西洋鳕鱼）。你需要做的是：首先将鱼切成小方块，然后将它们浸泡在柠檬和酸橙汁中（大概两个柠檬、两个酸橙）；再把一瓣大蒜和一个红洋葱切碎，然后放入半束切碎的香菜并搅拌均匀；最后再放一小勺盐和一小撮辣椒粉调味。如果想要这道菜的颜色更鲜艳，你可以加一些对半切的樱桃番茄。要是不喜欢酸味怎么办？没问题，你可以加些油把所有食材混合好，再将其密封放在冰箱里冷冻几个小时即可。

对了，你知道吗？在菲律宾，人们也有自己的“柠汁腌鱼生”，叫作“跳跃沙拉”。他们会在螃蟹和虾上撒些盐，然后混着青柠汁吃掉。为什么叫“跳跃沙拉”呢？因为在吃的时候，那些螃蟹跟虾还活着，而且活蹦乱跳的。

蓝鲸黄油

从前，有几只小老鼠掉进了农场的一罐牛奶里。而老鼠是不会游泳的，所以几乎所有的小老鼠都淹死了，但有一只却神奇地活了下来。这是为什么呢？因为这只小老鼠自始至终都没有放弃，它拼命地在牛奶中蹬着小腿，就这样牛奶中的奶油越来越浓稠，越来越坚固……最后小老鼠筋疲力尽，但同时也发现自己竟然浮在奶油上。它赶忙继续蹬腿，黏稠的奶油变成了坚固的黄油，小老鼠很轻松就爬出来了……

这个寓言故事出现在这里想要告诉我们什么呢？永不放弃的精神吗？显然不是啊。它告诉我们黄油是怎么做成的：搅拌全脂牛奶，直到里面的脂肪开始结块，黄油就做成了。我们可以用任何含脂肪的奶制作黄油，无论是牛奶、山羊奶、绵羊奶，只要是哺乳动物的奶都行。所以，理论上我们甚至可以做出上好的蓝鲸黄油，只是你得找到挤蓝鲸奶的方法才行。

那人造黄油又是什么呢？其实人造黄油跟黄油完全是两种东西，它是 1869 年为响应法国拿破仑三世组织的竞赛而发明出来的。当时黄油短缺，政府提供了一大笔奖金给予能够做出最佳黄油替代品的人。最后这笔奖金由法国化学家伊波利特·米格-穆列斯赢得。他将植物油与脱脂牛奶混合，制成了人造黄油。人造黄油比黄油更便宜，而且保质期更长。如今还有低脂人造黄油，这种黄油只有 40% 的脂肪，并且水的占比更大。其实我们还能用各种化学原料、大量的水跟一点脂肪来制作类似黄油的东西，但它们就不能被称为“低脂人造黄油”

或“人造黄油”了。

关于哪种黄油最健康，目前还存在分歧。有些人觉得黄油更健康，而有些人则更青睐低脂人造黄油。那么，你更信任谁呢？奶牛还是化学家？

美味玉米片

约翰·哈维·家乐先生是一个非常虔诚的人，也是一名狂热的素食主义者。他认为我们应该每天都运动，而且他本人从不喝酒、抽烟，甚至反对性生活。约翰·哈维·家乐先生看上去并不是一个懂得享受生活的人，可他每天的早餐时间却宛若一场小型派对。他发现将煮过的谷物压碎，团成团制成一种类似墨西哥玉米饼的食物，再放上一些水果，简直美味至极。随后，他开始跟弟弟威廉一起售卖这种食物。有一次他们不小心将谷物煮得太久了，却发现了一些小脆片，简单撒些糖就非常好吃。威廉还发现，如果把玉米粒煮熟、压碎再烤一会儿就更美味了。从此，玉米片诞生了！

兄弟俩又陆续发明了更多的早餐产品，这些产品至今仍能买到。唯一的问题是，在过去这些食物很容易被模仿，许多人都想通过仿造他们的产品发家致富。所以，为了向顾客保证他们购买到的是真正的家乐氏谷物，威廉·家乐会在每个包装盒上亲手签上自己的名字。今天，我们在家乐氏的产品上仍然能看到同款的签名。

不过，现在威廉已经不用自己签名了，毕竟现在他公司的产品每年都能在180多个国家和地区卖出上亿盒！

您可要加把劲儿啊，家乐先生。

热量爆棚的花生酱

我们通常认为老鼠都超级喜欢吃奶酪，但实际上没那么夸张。如果你真想让它们饱餐一顿，就为它们准备花生酱吧。除了老鼠，最喜欢花生酱的要数小朋友跟美国人了。美国人每年能吃掉 4.2 亿千克花生酱，荷兰人紧随其后，也是不折不扣的花生酱狂热粉丝。有趣的是，除了少数土耳其人、德国人和英国人，其他国家似乎都不怎么吃花生酱。

世界上第一款花生酱是一个加拿大人在 1884 年发明的，但当时他的发明并没有被大众知晓。花生酱逐渐开始受欢迎，是在一位医生把它作为“药食”推荐给进食太少的老年患者之后。由于花生酱热量爆棚，只吃一点一天的热量就足够了。而当时恰好约翰·哈维·家乐（玉米片的发明者）也开始涉足花生酱生意，这种涂抹酱才真正流行起来。而荷兰是在“二战”之后才开始流行吃花生酱的。

想要在家制作花生酱并不难：首先将一些新鲜花生放入 150℃的烤箱内烤大约 4 分钟，冷却后用食品加工机或杵臼将它们磨成碎粒，然后加入一些从花生中提取的花生油，最后放入少许盐和一勺糖搅拌搅拌，就大功告成啦！

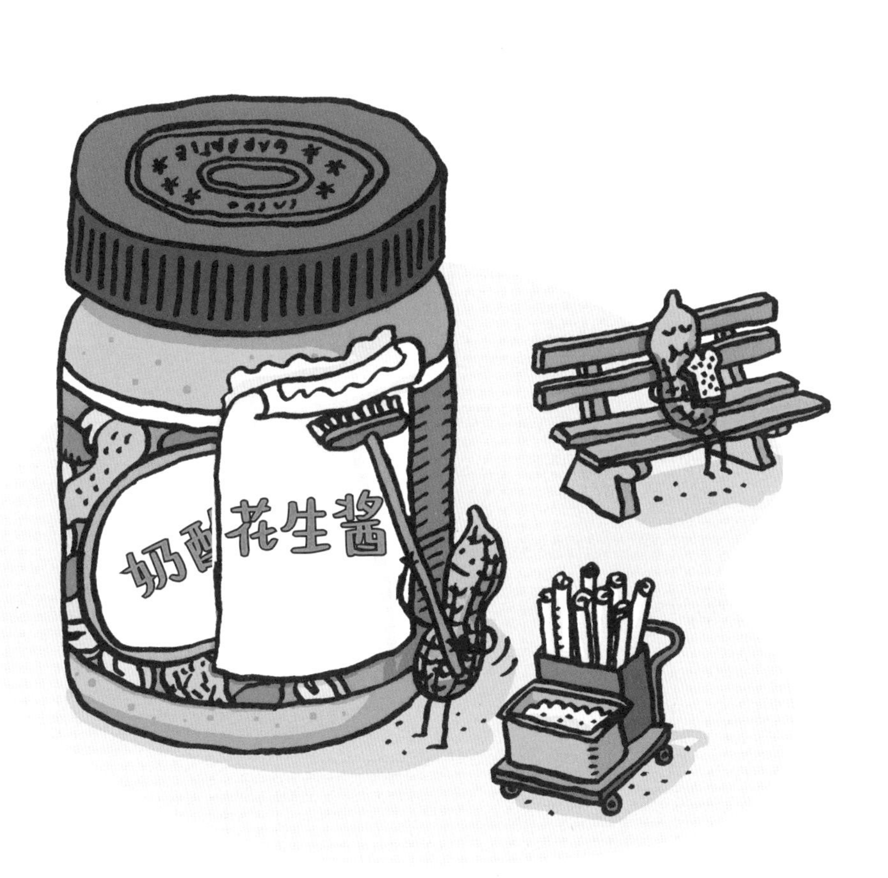
花生酱

史上最意外的发明

很多食物都是因意外而产生的。但在所有食物中，要数薯片的发明最让人意外，因为它不是为了好吃才被发明出来的！

1853年8月24日，美国厨师乔治·克鲁姆在他的餐厅遇到了一位特别麻烦的顾客，他不停地退回自己点的烤土豆，不是嫌太淡，就是怨太厚，然后又说太黏了……反正就是各种不满意。后来克鲁姆实在受不了了，为了捉弄一下那位顾客，他把土豆切成薄片，然后放到油里炸，最后还不忘在上面撒了很多盐。想着这么难吃的东西，应该会让客人一走了之。

可结果那位顾客不仅没有觉得难吃，反而因太好吃而欣喜若狂。他好久没有吃到过如此香脆可口的东西了。看到这一幕克鲁姆也将信将疑地拿起一片尝了尝，发现的确很好吃，于是毫不犹豫将它纳入菜单。没过多久这种食物就在全国流行起来，如今它已经霸占我们这颗星球的零食排行榜前列好几十年啦。

可能读到这里大家还有一个小疑惑，那位难缠的顾客到底是谁啊？据小道消息称，那个人正是我们的老朋友约翰·哈维·家乐先生……

嗯……
算了，
好像有点
太大了。

恶魔的工具

很少有餐具拥有比叉子更传奇的历史了。今天我们很难想象，如果没有叉子吃饭会是什么感觉，但在古代叉子并不流行。虽然叉子很早就出现在《圣经》中，已有数千年的历史，希腊人和罗马人也曾经使用过它，但就在罗马帝国灭亡后，人们重新拾起刀子跟勺子，叉子也随之退出了历史舞台。

当时只有在拜占庭帝国（今天的土耳其），人们还在用叉子吃饭。直到

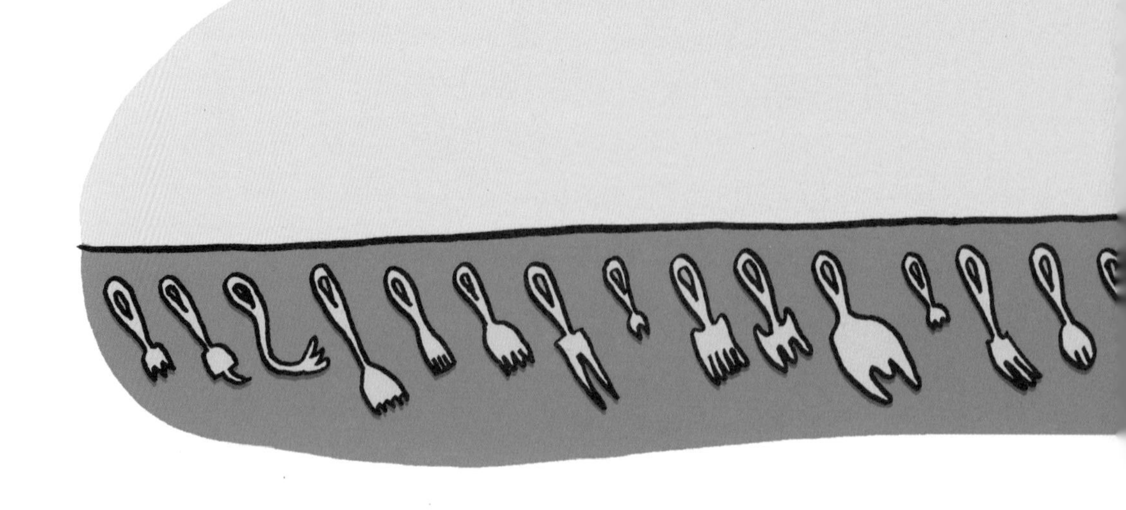

1000 年前，一位拜占庭公主搬到了威尼斯，才有少数欧洲人开始用回叉子。为什么只有少数人随了公主的习惯呢，那是因为当时有很多宗教都禁止使用叉子，理由是它看上去太像魔鬼的三叉戟。

大约在 17 世纪初期，叉子再次流行起来，国王和贵族们特别喜欢它。慢慢地，普通人也开始用起了这种餐具，但普遍使用也就是近百年的事儿。如今叉子仍然隐约带着一丝庄严感，只因它被站在金字塔顶端的人群广泛使用。例如，已故英国女王吃鱼就从来不用刀，即使是鱼刀也不行。相反，她会用两把叉子。呃……如果你希望像她那样优雅，就永远不要用叉子舀食物——只能用插的——即使面前摆着的是颗迷你小豌豆。

吧唧嘴跟打嗝

“谁会用小棍子吃饭啊?”一位作家曾经感叹道,“中国人不仅发明了纸、火药、印刷术,还有其他几百项重大发明。如此足智多谋的人民怎么就没找到比一对破针头更好用的餐具吃东西呢?”咋说呢,筷子在西方人看来的确不太方便,但实际上它的设计非常绝妙。中国人可以用筷子吃任何东西,甚至喝汤。他们会把碗放到嘴边,然后咕噜咕噜地喝汤,并时不时地用筷子夹一些蔬菜、肉或面条。他们这样做能让食物吃起来更香。汤嘛,就是要咕噜咕噜地喝。品酒师对此肯定表示赞同,他们也会啧啧啧地把酒喝下去,因为这样氧气才能进入嘴里刺激味蕾。

爱杯的力量

通常每个人都有一个最爱的杯子，你应该也有吧。当我们用自己最爱的杯子喝东西时，会觉得更加美味。因此，拥有一个自己喜欢的杯子很重要。一起做个简单的小测试吧。给你的父母、兄弟姐妹或其他什么人倒两杯茶，分别放在他们最喜欢的杯子和另一个普通的杯子里。当然，你必须确保两杯茶完全相同。不过你需要告诉他们，杯子里分别放了两种不同的茶，让他们在品尝后分别打个分。我猜他们一定会觉得自己喜欢的杯子里的茶更好喝，你相信吗？

甜、酸、苦、咸，还有鲜

除了甜、酸、苦和咸，你还能想出第五种味道吗？很难，对吧？然而它的确存在。100 多年前，一位日本的化学家发现了第五种味道。他称这种味道为“鲜”，日语发音是“乌麻密”。鲜其实是一种咸咸的味道，既像不太咸的浓汤或者是老奶酪，又像是平底锅边一团已经干掉的番茄酱，又或者是一块味道浓郁的鱼或肉……这些食物的味道都很鲜。

另外，也有纯正的鲜味剂，就是“味精”。味精一般由海藻制成，在超市里就能买到。不过，并不是所有人都喜欢它，有些人觉得味精非常不健康，吃多了会生病。然而，人们吃它的机会可能比想象中多很多，因为它存在于各类食品中。你买过盒装或袋装的汤或酱汁吗？里面几乎都有味精，只是换了个名字而已，叫作“谷氨酸钠”。方便食品行业特别喜欢使用它，因为这是一种完美的增味剂。把味精放在混合调料包中，能增强其他香料的味道，这样就能节省不少香料，省下不少钱呢！

一名好厨师始终会确保自己的菜肴鲜味十足，但他们不屑于直接使用味精，而是坚持通过肉汤、奶酪或其他咸味食材为菜肴提鲜，因为这才是更显烹饪功力的做法。不过研究人员也发现，虽然一般来说最好吃的菜肴多少都会带些鲜味，但也有例外——甜点。这个还是甜的更好吃！

我想我找到
了第六种
味道……
……
也就是
……
甘草糖

用眼吃饭

你的爸爸妈妈有按照书上或杂志上的食谱为你做过饭吗？做出来的食物看上去跟食谱上一样漂亮吗？恐怕不是都能如此吧。不过，这可不是他们的错哦。因为食谱上的照片通常都是在食物造型师的协助下完成拍摄的，他们是“食物的化妆师”，其工作就是确保一道菜比现实中看上去更美味、更好吃。

通常一道菜看上去越漂亮，我们就会觉得越美味。顶级厨师们深知这一点，因此他们都努力地把菜做得宛如艺术品一般。在这里，给大家分享几个大厨们让菜品看上去更精致的小技巧：

1. 颜色搭配　假如摆在你面前的是一盘橘红色的番茄汤。想象一下，是不是在上面添加几丝绿色的欧芹，就能让汤看上去更美味了？或者是一个白色的冰激凌球。搭配一些绿色薄荷叶和红色浆果，是不是一下就漂亮多了？尽管这些浆果其实挺酸的。

2. 增加高度　顶级厨师还喜欢用食材搭成各种形状：他们会将北葱杆立起来，或者将一小块华夫饼立在一颗冰激凌球上，又或者将羊排搭成人字形。你也可以炒一些面条或米粉，然后放一点虾片在上面。不过，这可比不上一整盘堆得高高的炖羽衣甘蓝更让人食欲大开。

3. 使用奇数食材　试试用四或六个橘子或葡萄摆出一个新奇的形状，有点难？那用三或五个水果再试试，是不是一下就容易多了！偶数通常只能摆出可预测的形状，而奇数则更加变幻莫测。

蒙特祖玛的复仇

制作巧克力的可可豆原产于南美洲。以前南美的阿兹特克人会用可可豆加上红辣椒和香草等食材，制作一种辣辣的饮料。如今，我们在欧洲也能享用巧克力，这还要归功于西班牙探险家埃尔南·科尔特斯，是他把可可豆带到了欧洲。虽然当时他的同伴们都不喜欢这种重口味的食材，但科尔特斯还是坚持把豆子带回了自己的祖国。

你知道吗，这位探险家当时在南美洲真是命悬一线。当时西班牙人的真实目的是为了掠夺阿兹特克人的土地。如果阿兹特克人当时知道真相，必定会对科尔特斯及其同伴们展开反击。然而世事难料，机缘巧合之下，科尔特斯居然被阿兹特克人奉为神明。

这还要从阿兹特克人深信不疑的古老传说讲起。据说，曾经有一位神，叫作羽蛇神。羽蛇神护佑当地百姓，深受爱戴，不料却被一位恶毒的异神赶走了。但阿兹特克人坚信他总有一天会归来。当他归来时，会有一张白色蓄着胡须的脸，穿一身皇室华服。阿兹特克人甚至还定了一个年份：1519 年。哪知道事情还真就那么巧，刚好就在那一年，一位身着皇家制服的大胡子男子踏上了墨西哥海岸，并且他还有一张“白色”的脸。那时的阿兹特克人从未见过白种人，所以他们的国王蒙特祖玛立刻就认定眼前这个人就是羽蛇神。为了欢迎“新羽蛇神”的到来，当地百姓纷纷献上各种礼物。

科尔特斯很快就明白了当时的情况，并且在很长一段时间内都以国王自居。

他一边享受着百姓们的爱戴，一边开始对他们进行一系列的“改造”。当然，西班牙人也明白这不是长久之计，迟早会露馅儿的。所以，他们决定先下手为强，科尔特斯抓住了蒙特祖马，并发动了一场血腥的战争。

后来，阿兹特克人战败，这也就导致时至今日墨西哥的官方语言仍然是西班牙语。蒙特祖玛的下场非常悲惨：他是被自己的人民袭击并因伤离世的。然而故事到这里就结束了吗？并没有。就在蒙特祖玛过世后，所有的西班牙人都患上了严重的腹泻。如今去墨西哥旅游的西方人仍然容易感染肠胃炎。有很多人说，这一定是蒙特祖玛的复仇，以眼还眼，以牙还牙。

万能的巧克力

阿兹特克人和南美洲的其他民族最先发现了可可豆的妙用。他们用可可豆制作出一种神奇的饮料，称为“巧克力”。无论是婚礼、节日，还是重要的宗教活动，都少不了这种饮料。在战争时期，这种饮料也带给了阿兹特克人神奇的力量及智慧。因此，巧克力在阿兹特克人心中，就像阿斯泰利克斯的神奇药水一般。

阿兹特克人还真不是在瞎说，巧克力的确充满了各种各样能够带给我们能量的物质。目前，我们已知巧克力中大约有 300 种不同的物质，虽然大部分物质我们尚不太了解，不过我们已经发现了一种关键性物质——苯乙胺，这种物质的确能给我们带来能量及快乐。如今它被广泛应用于各种药物中。不过，苯乙胺其实是一种非常天然的物质。当喜欢上一个人的时候，我们的身体就会分泌苯乙胺。也难怪有人会说，巧克力是爱情的诱饵！不过，这也会带来一些小麻烦。如果你想通过巧克力中的刺激性物质让自己高兴起来，那就需要吃掉很多很多巧克力，而随之而来的肚子痛可能就让你开心不起来了。

好吧，但伊玛目怎么就昏倒了呢？

从北非最西端到中国边境，都可以点土耳其烤茄子，这道菜名字直译过来是“伊玛目晕倒了”。伊玛目是宗教学者，类似牧师或神父，但服务于穆斯林。在很多有伊玛目的国家，都能在当地的菜单上找到这道菜。可问题是，伊玛目为什么会昏倒呢？因为有伊玛目的国家太多了，所以也有了很多不同版本的答案。

其中一个版本非常简明扼要：某位第一次尝到这道菜的伊玛目觉得实在是太好吃了，就直接昏倒了，故事结束。听上去的确不太精彩，而且可信度也不高。就算这道菜再好吃，也不至于到让人昏倒的程度吧。毕竟也就是一份用橄榄油炸的茄子，再配上一些番茄制成的酱料。不过，还好有另一个更有趣的版本，故事是这样的：从前，有一位伊玛目即将迎娶一位富有的橄榄油商人的女儿。作为礼物，新娘的父亲给了这对夫妇 12 罐最好的橄榄油。古时候橄榄油非常昂贵，甚至被称为“液体黄金”，当然就算是今天也仍然不便宜。总之，夫妇俩算是收到了一份非常丰厚的嫁妆。

婚礼后的第二天，妻子用炸茄子和番茄酱做了一道菜——当然，那时肯定还不叫“伊玛目昏倒了”。据说尝过这道菜后，伊玛目简直激动得说不出话来。事实上根据某些译法，应该是“伊玛目张口结舌”的意思。总之，伊玛目非常喜欢这道菜，第二天想吃，第三天想吃，第四天还是想吃……直到第十三天，妻子说无法再做这道菜了，因为所有的橄榄油都用光了。伊玛目听到这话后，瞬间就昏了过去。

老实说，这种解释也不是很可信，或许我们永远也无法得知这个名字的确切由来了。但在故事的最后，我们还是从中学到两件事：首先，制作最美味的土耳其烤茄子需要用大量的橄榄油；其次，以前的橄榄油真的很贵。有趣的是，流行吃土耳其烤茄子的地区也以“油”闻名——每年开采的石油有三分之一以上都来自中东，只不过这种油完全无法食用。实际上，如果你真用石油来炸茄子的话，估计吃一口就昏倒了。

一杯暖暖的黄色液体

据说，在印度以及世界上的许多其他地方，真的有人会每天喝一杯自己的尿液。好喝吗？不好喝，没人觉得好喝。但的确有“专家”声称它对身体健康颇有帮助。据说，尿液中含有丰富的维生素跟矿物质，对喉咙痛也特别有效。

可以确定的是，新鲜尿液是无菌的。建筑工人在伤口上小便来预防感染的故事之所以广为流传，也不是毫无道理。除了自己的尿液，人们也会来点动物尿液。在一些非洲的部落，人们喜欢在牛奶里放一点牛尿。马赛人甚至喜欢用牛尿洗碗。在印度，牛是神圣的，印度人还用牛尿制作了一款饮料。在印度的某些地方，这种饮料几乎和可乐一样受欢迎。

但喝尿液是否真的对身体有用呢？这么说吧，尿液就是一种代谢垃圾。当你的身体想要摆脱某些物质时，才会将它们以尿液的形式排出。是的，其中也包括那些矿物质跟维生素。然而，每隔一段时间总会有个笨蛋上电视声称它是健康的。如果今后再听到这样的话，你就知道该怎么办了——狠狠地无视它！

呃……
那是一头公牛，
挤不出奶。

荷兰炸热狗

2009 年年初，一家零食生产商举办了一场盛大的派对，主题是庆祝“荷兰炸热狗”问世 50 周年！你可别上当，那就是一场彻头彻尾的营销活动。因为大约在 400 年前，人们就已经开始吃美味的炸热狗了。那么，以前的炸热狗，跟我们今天从自动售货机中取出来的长条形炸热狗，是否是同样的东西呢？不，完全不是。

炸热狗曾经可是最昂贵的食物之一，因为那时候的肉比现在贵多了。此外，炸热狗里还添加了当时非常稀有的柠檬和橙皮，还有肉桂、丁香和肉豆蔻，这些在当时都属于非常昂贵的香料。因此，那时只有在很有钱的人的餐桌上，或者是非常重要的庆祝场合，例如 50 岁大寿，才有机会吃到炸热狗！

我们的蔬菜从哪儿来？

当你身处大自然中，应该能看到很多东西：大树、灌木、小草等。但蔬菜呢？我们完全看不到，除非你专门跑到种植蔬菜的农民田里。但是，在还没有农民的年代，人类是如何获得蔬菜的呢？换句话说：我们的蔬菜从哪儿来？呃，那要看是什么蔬菜了。因为每一种蔬菜都有自己的故事。

苦苣

数千年前，埃及人会种植一种在一月丰收的苦味蔬菜，名为“一月蔬”。后来罗马人到了埃及，尝到这种蔬菜，并将它带回了罗马帝国。这种蔬菜跟荷兰

自中世纪以来就在吃的苦苣很相似。在英国，也有一种苦味蔬菜——菊苣，虽然名字跟苦苣很接近，但样子却完全不同。

芦笋

虽然芦笋的确切来源尚不能确定，但我们知道埃及人大约在 5000 年前就开始种植芦笋了。后来罗马人去了埃及，发现这种蔬菜非常好吃，于是开始大量食用。可当罗马帝国崩溃后，芦笋也随之在欧洲销声匿迹。直到中世纪末，人们才重新开始吃芦笋。而芦笋在荷兰只有 150 年的历史。

甜菜

早在史前时代，荷兰就已经有甜菜了，当时这种蔬菜就生长在大自然中。起初人们只吃它的叶子，把它叫作“莙荙菜”。直到后来，人们才发现它的根部似乎更好吃。随后，人们便开始种植根部更大、更美味的甜菜。最后，就逐渐演变成了我们今天所熟知的甜菜头。

豆子

在南美洲的苏里南，只要你说“bb 加 r”，当地人都知道这代表着什么，这是一种斑豆配米饭，是苏里南最受欢迎的菜肴之一！北美洲和南美洲盛产豆类，除了斑豆，还有红豆、白豆、棕豆、芸豆和利马豆。毫不夸张地说，南美州人已经吃了 7000 年豆子了，但南美洲人对此的热情却丝毫未减，那儿的人几乎每天都要来点豆子。

西兰花

西兰花是甘蓝的一种，源于意大利，名字直译成中文就是“小手臂”。这种蔬菜至少有 2000 多年的历史了。据说，罗马皇帝提比略的儿子德鲁苏斯沉迷于西兰花，曾经连续一个月只吃这种菜。最后，他的父亲禁止他再吃西兰花。实际上，这个故事是假的。德鲁苏斯很讨厌吃西兰花，就跟很多其他小朋友一样。

豌豆

许多蔬菜都源于亚洲，后来才被引入欧洲。但豌豆恰好相反。尽管在中东跟亚洲也能找到许多相似的品种，但豌豆的确是一种源于地中海地区的豆科攀缘植物。在荷兰，人们只吃豆荚里的豌豆；而在亚洲，人们也吃茎和叶，还能用豌豆做成超级美味的零食！豌豆分几十个品种，还有不同的大小，但如今世界上最受欢迎的一种是荷兰人在 17 世纪种植的，就是好多罐头里都能找到的那种。

想试试自己制作美味的豌豆脆吗？你需要做的是：把一包冷冻豌豆平铺在烤盘上，放入烤箱中用 100℃烤三个小时。不时搅拌一下，再放入一团芥末酱继续搅拌（在日本，人们使用日式芥末，味道相似但更辛辣），接着再烤大约 15 分钟，直到它们都变得嘎嘣脆，就大功告成啦！

黄瓜

在喜马拉雅山脚下，生长着野生的黄瓜。大约 3000 年前，那里的人们就开始尝试播种野生黄瓜，并大获成功。今天世界各地的人都在吃黄瓜。在任何不太冷并且雨水充足的地方，你只需要把黄瓜瓤里的种子取出来，放入土壤中，它就能生长。

甘蓝

不管是羽衣甘蓝、菜花，还是紫色、白色和绿色甘蓝，甚至是西兰花或孢子甘蓝，这些蔬菜都是亲戚。荷兰人吃的第一种甘蓝是什么呢？是一种生长在海边的羽衣甘蓝：海甘蓝。如今，在荷兰你仍然可以看到这种甘蓝长在堤坝周围。虽然可以采摘，但现在已经没有人吃它了，因为人们几乎都忘了那是可以吃的！由于生长在海边，这种甘蓝的味道有点咸。通常我们会吃甘蓝的叶子，但对于菜花和西兰花，我们吃的却是它们的花球。

甜椒

在英国，“甜椒”被称为“辣椒”。其实这并不奇怪，因为辣椒跟甜椒本就是亲戚。事实上，“甜椒”在匈牙利语中就是“辣椒”的意思。匈牙利人对这种蔬菜可谓了如指掌，因为他们的国菜匈牙利汤就是用它做的。匈牙利人唯一不知道的就是甜椒的起源。他们认为是匈牙利探险家把甜椒从亚洲带回欧洲的，可实际上是西班牙人在南美洲发现了它们并带回来的。

如果把甜椒放进烤箱里烤一烤，会变得非常甜哟。你可以试试把烤箱温度调至大约 200℃，让甜椒完全变黑；放在一边冷却一会儿，再剥去黑皮，切成条状；放上一些大蒜和橄榄油，尤其适合在炎热的夏天食用！

生菜

生菜的祖先是一种非常苦且不可食用的植物。在亚洲和地中海地区，人们培育出了可食用品种，这就是我们今天所熟悉的生菜。后来，罗马人将它带到了欧洲。可那时的生菜远远没有今天的这么好吃，人们必须先把叶子煮一会儿才能吃。不过随着时间迁移，这种蔬菜越来越嫩，如今生吃都完全没问题了。

四季豆

就跟许多其他豆类一样，四季豆也来自美洲。只不过这种蔬菜不仅豆子能吃，豆荚也能吃。在法国，人们叫它“刀豆”，这个名字源自古法语单词“切”。巧合的是，这种蔬菜在荷兰就叫“切豆”。另外，在荷兰四季豆和芦笋的拼写有点像，这是因为它们看起来就有点像。不信？你从远处眯起眼睛看看就知道了！

菠菜

菠菜起源于近代伊朗附近，在中世纪经过北非和西班牙来到荷兰。当时这种蔬菜被认为是对抗多种疾病的灵丹妙药，于是很快就流行了起来。大约在100

年前，这种蔬菜的价值被提到了一个前所未有的高度，因为那时的人们普遍认为它含有大量的铁。但实际上，是一位粗心的科学家犯了一个错误，他把小数点点错了位置。所以菠菜的实际含铁量只有大家之前所知含铁量的十分之一，不过依然很多了。铁对我们的身体非常重要，可以让人变强壮。这就是为什么大力水手只需要吃一罐菠菜便能打败任何坏人。但请注意，大力水手系列动画正是创作于小数点点错的年代。

孢子甘蓝

孢子甘蓝属于甘蓝的一种，实际上就是沿着根茎生长的迷你甘蓝。其根茎也可以食用，但几乎没有人吃。

孢子甘蓝也被称为“比利时甘蓝”，那是因为以前孢子甘蓝在那里非常受欢迎。不过，到底是谁最先开始种植孢子甘蓝的呢？目前植物历史学家们仍在争论中。

不喜欢吃孢子甘蓝？试试在上面涂一层花生酱吧，没准就好吃到一发不可收拾咯！

番茄

番茄实际上是一种浆果，长在南美洲的灌木上，那儿也是它们的发源地。直到 16 世纪大规模探险之旅后，西班牙人才将番茄苗跟种子一起带回了欧洲。当时他们觉得这种长着鲜艳果实的植物还挺好看的，直到几百年后才有人开始尝试食用它。因为虽然番茄果实很好吃，但它的叶子和枝干却是有毒的。

洋葱

洋葱原产于亚洲，深受当地人喜爱，播种区域甚广。大约 3000 年前，这种蔬菜在埃及流行了起来。根据象形文字记载，建造金字塔的工人们吃得最多的就是洋葱，因为人们相信它能强身健体。随后，希腊人跟罗马人也开始种植洋葱。最后，罗马人还把洋葱带到了荷兰。

你知道吗，洋葱还可以被制成甜甜的蜜饯或果酱呢。具体做法是：用 100 克黄油翻炒 1.5 千克洋葱，加入一小勺盐，再转三下胡椒磨；当翻炒到半熟后，再加入三勺醋（相信我，真的会变甜！）煮 5 分钟；最后加入 100 毫升奶油，文火慢炖直到洋葱完全煮熟。你可以将它抹在吐司上，再加点肉酱，简直完美。

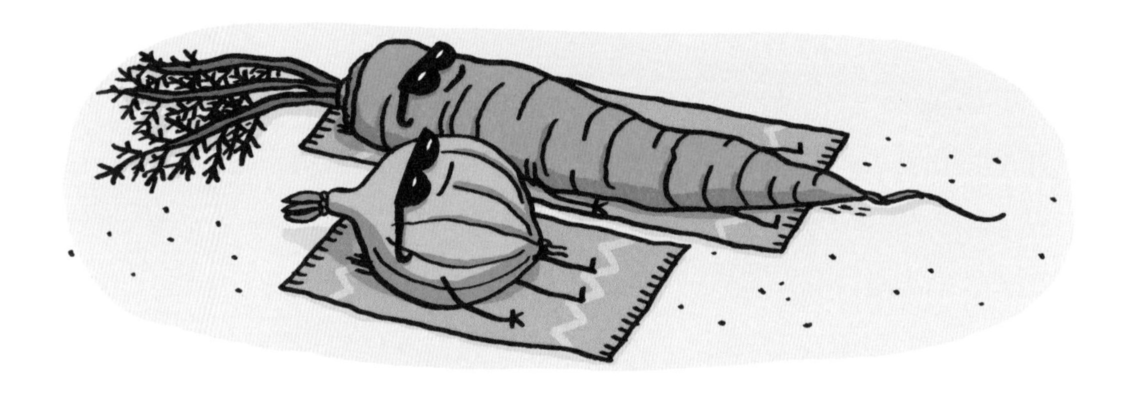

胡萝卜

我们几乎能在各大洲见到胡萝卜的身影。因为它们就生长在大自然中。如今在一些国家仍是如此。野生胡萝卜有着各种各样的颜色：红色、紫色、黄色、白色，甚至黑色，但唯独没有橙色。今天我们熟悉的橙色胡萝卜，是荷兰人在17世纪通过杂交红色和黄色胡萝卜培育出的新品种。

史前食物

看完上一章，不难发现几乎所有的蔬菜都来自国外，比如南美洲、亚洲或地中海。那荷兰居民以前吃啥呢？难道顿顿海甘蓝配甜菜？幸好不是。那当时人们都吃些什么呢？

这主要取决于季节。比如，夏季能吃的东西就很多，不仅有各种各样的肉类，还有很多“蔬菜”——酢浆草、荨麻、死荨麻[1]、车前草，许多如今被我们视为杂草的植物，对于我们的祖先来说都是美味佳肴。他们会把这些植物做成沙拉、汤或炖菜。除了吃植物的叶子，他们也吃种子或花朵。他们会把谷物磨成粉，然后用它煮类似粥的食物。当秋季来临，他们会吃苹果、梨子、浆果、蘑菇、坚果、块茎和芽苗。入冬后，他们主要吃肉。等到第二年春回大地，可食用的植物又长出来啦，整片森林又可以被“啃光光”了！

1　荨麻属荨麻科的一种多年生草本植物，植株嫩叶煮沸后可食用。

玛氏食品

在其他小朋友都在外面玩耍时，富兰克林·玛氏却被迫待在家里。这是因为小富兰克林患有小儿麻痹症，有一点轻微的残疾。不过除此之外，生活倒是挺正常的。小富兰克林也并不是每天都无所事事，妈妈在厨房忙碌时总会让他在一旁观看。于是，他渐渐学会了如何制作美味的糖果：将各种好吃的东西浸入融化的巧克力中！这个小技巧陪伴了富兰克林的一生。

1911年，33岁的富兰克林创办了自己的糖果工厂。起先他用黄油和焦糖制作普通的糖果，可他一直以来的梦想是能够做出像奶昔一样的糖果。多年来他一直不断尝试，终于在1923年取得成功：一种巧克力裹着焦糖和牛轧糖的夹心糖诞生了，这就是欧洲人都很熟悉的“银河巧克力棒”。

富兰克林当时那家规模不大的糖果工厂如今已发展为一家大型工厂，每年能够生产数百万条夹心巧克力棒。当然，这么多的巧克力棒肯定不可能仅由一家工厂生产，它们被分散在各地不同的工厂里。在北布拉班特省的费赫尔市（荷兰南部的一个城镇）刚好就有一家，它是全世界最大的巧克力工厂，每年能生产2.8亿千克巧克力呢！

煎饼日

无论你身在何处，想吃煎饼都不是什么难事儿。只是各地的叫法不太一样：在中国叫“薄饼”，在俄罗斯叫“俄罗斯薄煎饼”，在法国叫“可丽饼”，而在印度尼西亚叫“绿色煎饼”；如果在美国和英国，就叫“美式 / 英式松饼”；南非倒是跟荷兰差不多，就叫“煎饼”。“墨西哥玉米饼”和“墨西哥卷饼”看起来倒是挺像煎饼的，但它们其实不是。真正的煎饼是由面粉、鸡蛋和牛奶制成的。如果你在墨西哥想吃真正的煎饼，那点“薄煎饼”就没错了。

虽然煎饼每天都能吃，但你可能不知道世界上还有正式的煎饼日吧！就在6月5日。据说，煎饼日自1806年就存在了。那时路易·波拿巴是荷兰国王，但路易是法国人，有点吃不惯荷兰菜，但他非常喜欢荷兰煎饼。因此，他加冕为王的那一天就变成了荷兰的国家煎饼日。

这个故事是否可信呢？其实，煎饼日早在路易·波拿巴之前就已经存在了，被称为“忏悔星期二”，即每年复活节前40天的周二。作为天主教徒，在那天后的40天之内都不能再吃鸡蛋和黄油。可是要扔掉家里的鸡蛋和黄油实在太浪费了，所以人们就将它们全部做成了煎饼。从前很多国家都有这个传统，如今却越来越少了。不过只要你留意身边，仍有可能发现一座正在庆祝煎饼日的城市或村庄。

鼻涕

或许听上去有点恶心，但在这个地球上的确有数百万人会吃自己的鼻涕。没有人知道这种习惯从何而来，但它确实存在。不过吃鼻涕的人倒不比不吃的人脏多少，人们会在不知不觉中吃掉鼻涕。因为我们的鼻子通过口腔连接着喉

咙，每天大概有 1 升的鼻涕经过喉咙直接流入胃里。

鼻涕究竟是什么呢？其实基本就是黏稠的水、盐和灰尘的混合物。水会黏稠是因为其中含有各种各样的糖分，而糖能提供给我们能量，所以如果你哪天实在饿得受不了了，没准可以看看鼻子里能不能挖出点吃的来……

免费口香糖

就在几年前，瑞典考古学家发现了世界上最古老的口香糖。那是一块有着9000年历史的树皮，上面还留着咀嚼者的牙印。不过只嚼不吃这种习俗其实在更早之前就存在了，或许跟我们人类一样古老：古希腊人会嚼乳香黄连木的树脂，而因纽特人数千年来都在嚼鲸鱼皮；在南美洲，人们自古以来就一直在嚼橡胶树的树脂，这与我们今天嚼口香糖的方式最为相似。只是我们的口香糖原料不再是橡胶，而是人造胶基。

神奇的是，让口香糖流行起来的并不是南美的印第安人，而是北美的印第安人。他们特别喜欢嚼自制的口香糖，后来去了美国的欧洲人也跟着学了起来。只是他们稍微改进了一下配方，从而有越来越多的人开始嚼口香糖。1848年，第一家口香糖厂成立。美国人也逐渐喜欢上它。但口香糖完全走向大众，还要归功于威廉·瑞格利。

瑞格利是一个商人，经营肥皂生意。他的营销策略非常高超，每一个买他肥皂的人都会收到一袋泡打粉作为礼物。多亏了这个巧思，来买的人络绎不绝。后来他索性直接卖起了泡打粉，他甚至还想了个点子来增加销量：每买一罐泡打粉就送两包口香糖。就像之前一样，他发现赠品比产品本身更受欢迎。所以最后他决定只卖口香糖。如今100多年过去了，这家公司仍然存在，就是我们都熟悉的“箭牌”。目前，它在全球180多个国家和地区销售数十个品牌的口香糖。

三明治伯爵

“很少有人担任过如此多重要的职位却成就甚微。”很多人都认为这句话应该被刻在第四代三明治伯爵约翰·孟塔古的墓碑上。事实上，这位伯爵一生中的确做过很多工作，外交官、大使、海军最高领导人、邮政事务部部长和国务卿……但他没能在任何职位中做出成绩也是不争的事实。如果不是因为有种世界驰名的食物以他的名字命名，伯爵大概早就被遗忘在历史的长河中了。

如今，很多人都以为三明治是伯爵本人发明的，但其实不是。在《圣经》中就已出现了夹了食材的面包，所以三明治其实已存在数千年了。早在伯爵出生前，荷兰就开始吃夹肉或奶酪的切片面包了。所以，伯爵唯一做的就是把自己的名字借给了这种食物。

这里还有一个小故事：三明治伯爵特别喜欢打牌，喜欢到废寝忘食的地步。在他看来，为吃饭这种微不足道的小事而打断打牌，那可真是太扫兴了。所以，他总是吩咐厨师做一些能够边打牌边吃的食物，而三明治正是一个完美的选择！

5
3
H
H

啤酒面包

面包，一种我们随处可见的食物，看似很简单其实制作起来相当复杂。首先，你需要准备适量谷物，仔细研磨；然后称量各种原料，将之混合制成面团；随后需要把面团放在适合的温度下，让其发酵；最后还必须精准控制烘烤的时间，才能做出表面金黄、完美熟透的面包。虽然工艺复杂，但好在经验日积月累，现在人们已经掌握了烘烤面包的秘诀。

面包历史悠久，大约在5000年前就出现了。考古学家甚至在埃及法老图坦卡蒙的坟墓中发现了几根面包，同时在坟墓里还发现了另一种形式的面包——啤酒。啤酒和面包的配料大致相同，可以说啤酒实际上就是一种液体面包。

在荷兰，面包出现的时间相对较短，但也有数千年了。起初我们的祖先只吃新鲜的谷物，后来他们开始把谷物磨成糊状，慢慢地他们开始用它制作面包（以及酿造啤酒）。以前人们把面包当作盘子（或者碗）来用，在里面放一些蔬菜、肉、鱼或香料，面包里的食物吃光后，人们可以选择把面包吃掉、施舍给乞丐或者喂狗。

面包？
你没有
啤酒吗？!

牛仔食物

没有什么比“匈牙利汤”更能代表匈牙利美食的了，但同时也没有什么比“匈牙利汤”更不能代表匈牙利美食的了。哎，是不是有点被搞糊涂了？这是因为当人们在匈牙利提到“匈牙利汤”时，会被当地人理解为“牛仔”。“匈牙利汤”这个词在匈牙利就是“牛仔”的意思。哪怕在餐馆，这种误会仍不能避免。如果你点“匈牙利汤”，确实会上来一道汤，只不过会是“牛仔汤”罢了。

难道“匈牙利汤”是杜撰出来的吗？不是哦，这道有名的菜肴的确来自匈牙利，只不过它的名字叫作“匈牙利炖肉”。

早在约 500 年前，当地牧民就开始食用这道菜了，所以从某种意义上来说这也的确是一种“牛仔食物”。因为没有长时间保存的方法，那时人们无法将肉类带到牧场。他们唯一能做的就是用一些胡椒粉或盐跟糖涂抹在肉上，来延长保存时间。虽然这样做不是很好吃，但当时也别无选择。后来他们发现了辣椒粉，事实证明它的确有助于延长肉的保质期，而且还很好吃。煎肉的时候，只要在平底锅里铺上一层厚厚的辣椒粉，立刻就能闻到一种类似烟熏烤肉的香气。至于味道嘛，人间美味！

当时的牛仔们努力确保肉不烤焦，而“匈牙利炖肉”这个名字正带有“轻微燃烧”的意思。不过，为什么世界上其他地方都称这道菜为“匈牙利汤”呢？缘于误会。“匈牙利汤”与“匈牙利炖肉”两道菜非常相似，只是“匈牙利汤”加了更多的水跟土豆块。最早的外国食谱都是互相抄来抄去的，导致这个错误

不断被扩散，到现在再纠正已经为时晚矣。幸好匈牙利人自己并不介意，只要他们能点到“匈牙利炖肉”就行。

终极烩饭王

提到“烩饭”意大利人肯定会说：“用高汤煮米饭？哦，那不就是意大利烩饭嘛，经典的意大利菜！”而西班牙人就会反驳说：“才不是呢，是西班牙海鲜饭，是咱西班牙的发明，比意大利烩饭好吃多了。”随后希腊人会说：“不不不，你应该是指希腊海鲜饭。这可是我们亚历山大大帝在征战途中发明的食物，所以这是一道希腊菜。”而这时伊朗人就会跳出来说：“亚历山大是从谁那里抄来的？从我们这儿！波斯抓饭是一道古老的波斯菜，而波斯就是现在的伊朗啊。”然后乌兹别克人就抗议说：“并不完全如此，这道菜最古老的食谱发现于波斯古国东部，也就是如今的乌兹别克斯坦。所以这是一道乌兹别克菜。顺便说一句，它叫乌兹别克抓饭。”

那究竟谁说的才是对的呢？当然是乌兹别克人。倒不是因为什么最古老的食谱发现于乌兹别克斯坦，毕竟说不定考古学家下周就能在中国找到更古老的相似菜谱。这么说是因为没有人比乌兹别克人更加热爱并认真地对待这道菜了。就冲这点称他们为“终极烩饭王”也不为过。就拿他们洗米的方式说吧，那几乎是一粒一粒地洗。米饭的种类也很讲究，不是常见的泰国或印度香米，更不是微波速食米，而是一种来自亚洲的红米。烹饪手法也必须达到完美，不能过生也不能过熟。另外，这道菜肴需要在铸铁锅里煮，而且锅越旧越好。食谱的其余部分也非常讲究，但不同的烩饭会有些许差别。目前，乌兹别克斯坦有50多种不同的烩饭食谱，在那里烩饭已经流行几百年了，如今仍然广受欢迎。

乌兹别克人太爱这道菜了，不管是生日、葬礼，还是国定假日，都少不了烩饭。其中婚礼上享用的烩饭最特别，配料丰富，堪称“超级烩饭”。吃这道菜的时间也很特别，不是在婚礼仪式之后，而是在婚礼仪式之前：准确说是早上6点。不过早在这一刻前，这道菜已经在一位首席烩饭厨师的监督下，烹饪好几个小时了。这位首席厨师必须对烩饭了如指掌，并且把控所有的环节。顺便说一句，他本人是不会亲自动手的，哪怕是切一块胡萝卜，或在锅里搅拌几下。从购买食材到出菜的整个过程都需要他监督，而且一切都必须无比完美，因此他根本就没时间参与实际的烹饪过程。你知道吗，有时这样的烩饭晨间宴席能招待200到300人同时吃呢。

话说这个“超级烩饭”并不是很健康，它的脂肪含量非常高，算得上是高热量食物，而且通常在早餐时间吃。不过关于这点乌兹别克人倒是心很大，那儿最著名的谚语之一就是：“如果人固有一死，那就死于吃烩饭吧。”

宇航员的食物

在地球上，我们吃进嘴里的食物会自然而然从喉咙流进胃里。但如果是在太空中失重的情况下，会怎么样呢？这也是1962年人们向美国国家航空航天局（NASA）提出的一个重要问题。因为假如不能在太空中吃饭，那就意味着不能进行长途太空飞行。幸好事实证明，宇航员约翰·格伦在火箭里吃的食物都乖乖地进到了他的胃里。

不过带上太空的食物需要经过特别制作，因为火箭上可没有设置厨房的空间。进入太空舱的食物必须能够妥善储存、方便准备，而且不能产生任何垃圾。此外，也不能有食物碎屑飘浮在太空舱内，以防对控制面板造成破坏。这就是为什么第一批太空餐是一种管装的糊状物，以及一些用水才能泡开的脱水食物。味道可想而知，难吃到宇航员们集体抗议，呼吁为他们准备更美味的食物。

几年后，鸡尾虾、炸鸡和吐司纷纷出现在菜单上。虽然不再是从管子里挤出来的糊状物，但仍然谈不上好吃。这是因为所有食物都必须经过特殊处理来保证新鲜，并且还不能掉渣。曾经有位宇航员实在忍不住，将一份咸牛肉三明治偷带上了火箭。可还没等他咬上一口，面包屑就飘到了太空舱的各个角落。不难猜到，这位宇航员后来遭到了领导的严厉责备。在这方面最贴心的，还要数俄罗斯人。他们不仅给宇航员提供了牛肉、特制面包，还有鱼子酱。一个包裹上甚至写着伏特加，不过当宇航员满怀期待地打开后，却发现里面装的是甜菜汤。

如今，太空食物已经变得更加美味了。每个宇航员都可以列出自己最喜欢吃的食物，然后就有专门的团队把它们制成太空食物。只是汽水在太空中仍然不太行，因为那些气泡会让宇航员们不停打嗝。

制冰秘籍

咱们来做个小实验：将一勺盐放入温水中溶解，然后倒入装满冰块的盒子或袋子里。几个小时后，将几勺水倒入小号保鲜袋中密封好，再把它跟冰块一起放入保温壶里，把壶盖关上。等上约 20 分钟，看看发生了什么。如果顺利的话，你会发现保鲜袋里的水已经结成了冰，而袋子外面的冰块却开始融化了。恭喜你，用保温壶做了一个冷藏室！

几千年前，中国人就是用类似的方式制冰，当然规模要大很多。每到冬天，他们就会用硝石（一种盐）和水做成大冰块，并将它们储存在冰窖中。由于存放了很多冰，所以冰窖的温度总能控制在 0℃以下。与此同时，波斯人和罗马人则使用了不同的方法：他们把蜂蜜和水果制成糖浆，然后到山里取雪或冰，再把它们均匀混合在一起。

除了用糖浆制作冰棒外，还可以用奶油制作冰激凌，往往更加美味。冰激凌的“年龄”可比冰棒小多了，最古老的食谱来自 17 世纪。而冰激凌的好处就在于可以把所有能吃的东西都放进去，做出各种各样的口味。你现在能想到的所有口味，大概率都已被冰激凌厂商做过了。什么番茄冰激凌、小洋白菜冰激凌，甚至鲱鱼冰激凌！

显摆大王！

半熟

不要相信任何一个说他 / 她知道意大利面来历的人，这可是如今世界上最大的未解之谜之一。其中一个原因来自它的成分：水和面粉。这两种食材被广泛用于各种食物，比如面条、面包或其他种类的面食。所以，我们已经无法确认第一个意大利面面团是什么时候被做出来的。会不会是爱好吃面的中国人呢？有可能。会不会是喜欢吃千层面的希腊人呢？也有可能。可在希腊人之前，已经有希伯来人和波斯人开始做炖面块和波斯叻沙了，那他们会是第一个吗？说实话，我们已无法考证，这就像是几乎没人知道如何完美地煮意大利面一样。

我们都知道，意大利面应该是弹牙有嚼劲的。如何判断意大利面是否已经煮好了呢？很简单，只需要挑一根出来从中间剪断，如果能在中间看到一个小点，那就是煮好了。这个小点代表面芯还没有完全熟透，不过意大利面的硬度就应如此。如果那个点太大，就说明需要再煮一会儿；如果看不到点了，就表示面已经煮过头了。

还有些人会使用另一种测试方法：他们把一根意大利面抛向空中，如果它粘在天花板上，就说明意大利面已经熟了。不过，只有煮过头的意大利面才会粘在天花板上，由此看来这样的测试只适合喜欢煮过头的意大利面的人呀。

现在就是等
它们自己掉下
来了……
对哦
……
我已经开始
饿了……

最重要的一餐……

“早上吃得像国王，中午吃得像平民，晚上吃得像乞丐。”这句古老的谚语估计很多小朋友都听说过吧。而且这个建议真的很有用哦。研究表明，如果早餐吃得好，一天的精神都能更加充沛呢。不过奇怪的是，习惯吃早餐的人的体重居然比不吃早餐的人还要轻。专家们认为，这是因为不吃早餐的人到了午餐时间就会特别饿，反而会吃得更多。

然而，你知道吗？其实有许多国家的人几乎都不怎么吃早餐。比如在法国、西班牙和意大利，那儿的人早上最多吃一块小小的甜面包，再配上一杯果汁或咖啡。而在英国，情况就大不相同了。在那儿你会享用到一顿丰盛的早餐，包括煎鸡蛋、培根、香肠、吐司、炸土豆、蘑菇、炸番茄和番茄酱白豆。是不是听上去就饱了！

每个国家都有不同的早餐习惯。比如中国，因为国家实在是太大了，早餐甚至会因地区而异。例如在某个地区，人们习惯吃白粥配腌制小菜；在另一个地区，人们会习惯吃豆腐汤面；而再换一个地区，吃到的就是肉包子或菜包子了。而在日本，早餐其实跟另外两顿饭差不多，通常就是米饭配鱼或汤。在挪威和瑞典，早餐吃鲱鱼很常见。而在墨西哥，人们会吃两次早餐：一次在日出时，会吃点小面包；而另一次则是在上午10点左右，那一顿会非常丰盛，包含米饭、玉米饼、豆类和煎鸡蛋。一些国家在晚上吃的东西，到了另一个国家或许就变成早餐了。这样来看，由于时差关系，两个完全不同的民族可能会同时吃着相同的食物呢！

天啊，整本书
都在讲吃的！看得
我肚子开始咕咕
叫了！

甘草糖

荷兰人都是“奶酪头”？瞎说！看看周围国家的人们，哪个不比荷兰人吃得更多。我更愿意称荷兰人为“甘草头”，因为这世界上没有任何一个地方比荷兰更爱甘草糖了。荷兰人每年都能吃掉大约3000万千克的甘草糖，几乎人均2千克。而在任何其他的国家，人们通常都觉得甘草糖特别难吃，尤其是重盐甘草糖。当然这跟各地人的口味有关。比如，冰岛人很爱吃加了巧克力的甘草糖，而荷兰人就不喜欢。

甘草糖是由甘草根制成的。甘草糖商人会将它们先磨成浆，然后再加入水搅拌煮沸，直到形成一种黑色的块状物——甘草块。这个阶段的甘草块味道确实不怎么样，但只要加些糖、茴香或卤砂，问题就完美解决啦。受热后，甘草块又会变成液体，这时就可以把液体倒入各种模具中，慢慢地等它凝固、变硬。

有趣的是，甘草糖似乎在北方国家更受欢迎。我们可以动手画一条线：从冰岛开始，经由英国及法国北部直至柏林，或许还能包含到一点点波兰，但最多也就到那里为止了。在这条线的北边，人们大多都很喜欢吃甘草糖，而在南边，就几乎没人吃了。可奇怪的是，甘草却出自南方，在荷兰所在地区根本不存在这种植物。由此看来，远方而来的就是更美味呀……

甘草糖

奶酪

虽然荷兰人更喜欢吃甘草糖，但他们同时也是奶酪的忠实粉丝。甚至凯撒大帝到荷兰后，都记录下了这件事。然而，荷兰人只能勉强挤进全球奶酪消费榜的前十名而已。吃奶酪最多的是希腊人，其次是法国人跟意大利人。荷兰人排在第九名。而在中国和日本等国家，人们几乎都不怎么吃奶酪。这是因为那儿有许多人乳糖不耐受，甚至有些人会因吃了乳制品而生病。这是由于这些人的身体无法分解牛奶中的糖分，从而导致肠道不适。荷兰大约也有 10% 的人有相同的困扰。

对了，你知道吗？我们其实完全可以自己在家制作新鲜的奶酪。所需材料也不多：2 升牛奶、20 毫升（也就是一点点）酒醋和几滴柠檬汁。具体做法是：首先将牛奶煮沸，然后加入酒醋和柠檬汁。随后你会发现液体表面渐渐形成一层类似豆腐渣的物质。将它们静置 20 分钟，然后倒入一个布袋子里过滤。过滤出来的液体就是一层淡淡的奶清水。把袋子悬挂起来过滤大概半个小时，然后把纱布中的固体物质倒入碗中或盘子里。再在上面压一些重的东西，比如一口大平底锅。然后再静置至少一天，并定时倒掉排出的水分。大约 24 小时后，奶酪就大功告成啦。你可以试着搭配一些橄榄油、番茄和罗勒享用，味道美极了。

国民面包顶料

要说比奶酪和甘草糖更能代表荷兰的食物，恐怕只有“糖果洒”了。面包片配糖果洒应该算是荷兰的美食必杀技了吧。即使是在邻国比利时也都很难买到，而且越远的地方就越难买，或许只有在荷兰人较多的地方（如苏里南或印度尼西亚）才能在商店里看到它们的身影。但除此之外，几乎就跟大海捞针一样。不过在绝大部分国家，都能找到那种装饰蛋糕的巧克力碎屑。它们看起来跟糖果洒很相似，但远没有那么好吃。

或许不难猜到，糖果洒就是由荷兰一位叫吉尔拉德·德·弗里斯的人研发而成。他在自己父亲的糖果公司里工作，公司的名字叫 De Vries en Zonen，简称 Venz。没错，就是荷兰家喻户晓的糖果公司 Venz！

Venz 起初主要用糖跟巧克力制作糖果，在这个过程中会产生一些很细的巧克力碎屑。这些碎屑非常好吃，特别是放在面包片上。发现这点后，吉尔拉德决定开始售卖这些巧克力碎屑，并同时开始着手设计一款生产糖果洒的机器。虽然花费了不少的时间跟精力，但他终于成功了。而且事实证明这一切都是值得的。在糖果洒问世的最初几年，人们都是现场称好重量再放入三角袋里售卖的。不过若是今天还以这样的方式售卖的话，估计超市每天都会排上好长的队。

对了，你知道吗，只有在 Venz 生产的糖果洒才能被称为“糖果洒”。因为它是属于 Venz 公司发明的面包顶料。这就导致其他生产类似产品的生产商，都只能称它为“巧克力霜”。

嗨，麻烦
快点啊！

面包饼干配小老鼠

写到这里就不能不提到一种传统的面包涂抹料——“小老鼠”。这其实就是裹了一层彩色糖的大茴香，之所以被称为“小老鼠”，是因为大茴香种子通常连着茎，看上去就像是小老鼠的尾巴。大茴香特别适合刚生完宝宝的妈妈们吃，据说会促进母乳分泌。在荷兰，新生儿出生时有吃“面包饼干配小老鼠”的风俗，这可是荷兰才有的独特传统哦。

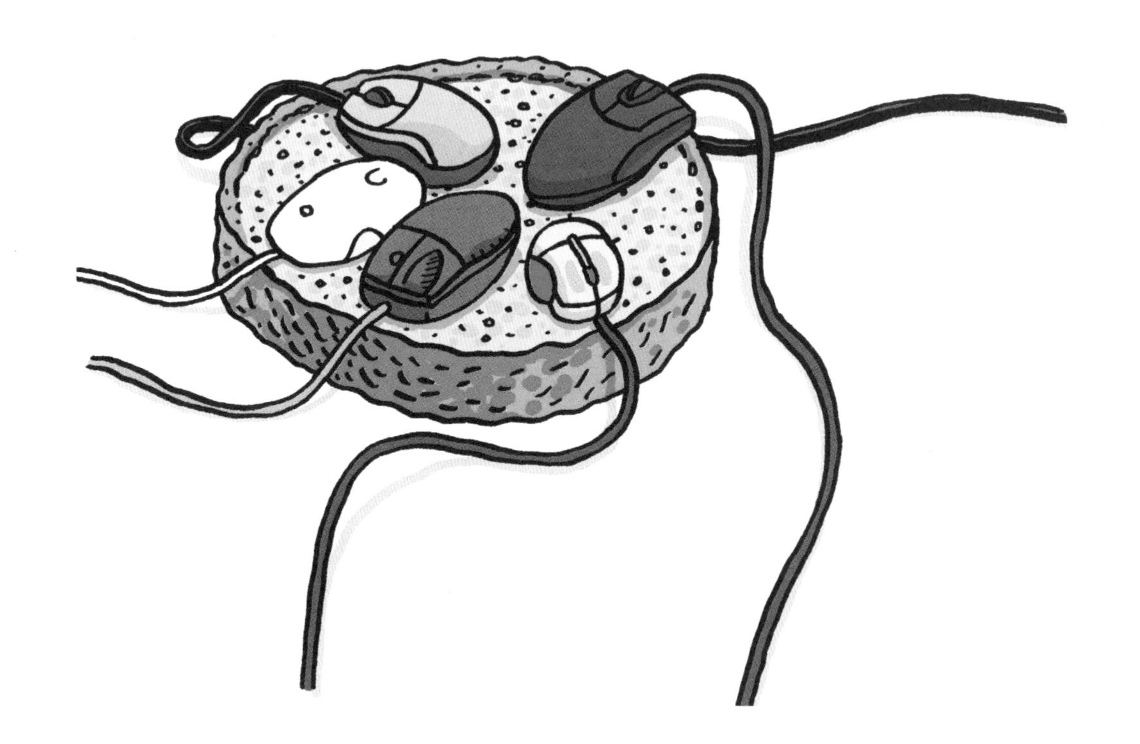

如何让茶迅速达到饮用温度？

英国科学家斯蒂芬·霍金是世界上最伟大的科学家之一。可即使是最伟大的科学家也有可能在食品和饮料方面判断失误。比如，霍金就认为，让茶冷却最好的方法是将糖稍晚些放入杯中。这位了不起的科学家甚至为此设计了一套相当复杂的理论。可实际上，这件事完全不用弄得这么复杂。他只需要把温度计插入放了糖的茶中，再观察一下温度是否降下去了就可以啦。而且他的那套理论，就算再复杂却还是错得离谱。

急着出门跟小伙伴们玩，可是妈妈一定要你先把刚煮好的热茶喝了？等一小会儿，然后往茶杯里加点牛奶就能迅速降温了。什么，一分钟都等不了？那就把茶倒入另一个杯子试试。这样茶的热量会被传导在杯子上，一会儿工夫你会发现杯子比茶还热！

甜蜜的谎言

我想很多父母可能都发现了，只要孩子吃多了糖，他们就会变得特别兴奋好动。为了找出这背后的原因，研究人员设计了一个小实验。他们让家长把自己的孩子们分别送去两个不同的派对：一个派对上堆满了糖果，而另一个则是摆放着各种健康的食物，比如法式生菜沙拉。结果如何呢？家长们发现去了糖果派对的孩子果然更加兴奋好动。可他们不知道的是，其实自己被研究人员小小捉弄了一番。他们以为自己的孩子在糖果派对上吃的都是糖，但实际上孩子们只吃了法式生菜沙拉。那这样说来，难道法式生菜沙拉才是让孩子们好动的"罪魁祸首"？不是的。无论是糖还是生菜沙拉，实际上孩子们吃了什么并不重要，父母的观念才更重要。如果他们认为吃糖会让孩子们更好动，那在他们眼中，去了糖果派对的孩子自然而然就更好动了。

不过话说回来，这个白糖跟糖果让小朋友更兴奋的故事是怎么流传开的呢？其实啊，这还要从"二战"时期说起。当时美国的白糖产量非常少，美国政府为了减少白糖的食用，就开始对外宣称吃糖会让人变得特别好动。当时好多人都信了，并且至今仍有成千上万的人坚信这一点。

种糖

过去的人想吃甜的东西时，往往只有水果或蜂蜜。但当波斯国王大流士在2500年前入侵印度后，他发现当地有一种可以“不用蜜蜂就能制成蜂蜜”的“芦苇”——其实就是我们如今所熟悉的甘蔗。就像现在的人一样，古时候的人也喜欢吃甜食，所以每个人都想“种糖”。聪明的波斯人没有将蔗糖的秘密大肆宣扬，而是将蔗糖售卖到其他国家获得了巨额利润。

当阿拉伯人征服了波斯帝国后，他们也学会了制作蔗糖。而且多亏了阿拉伯人，欧洲人也有幸享用到这种“令人愉悦的新药草”。想来也是大约1000年前的事了，那时蔗糖在荷兰还属于稀罕物，因此特别昂贵。而且，当时人们还把它视作为一种非常厉害的药物。那个时候蔗糖已经开始被用于制作糖果了，叫作“糖物”。

以前，只要是用甘蔗制成的糖，价格都很贵，英国人就是这样富起来的。那时许多生产蔗糖的国家都属于大英帝国。而后来英国与一些欧洲国家发生了战争，英国就停止向这些国家售卖蔗糖。然而正是这个决定，导致这些国家开始努力寻找其他生产糖的方法。后来他们发现可以从甜菜中提炼糖，并且种植甜菜很简单。打那之后，糖的价格一下子便宜了好多，每个人都能买到美味的“糖物”了。这个现象不仅让所有的烘焙店和糖果店老板开心不已，与此同时，牙医们也开始生意兴隆，因为越来越多的人患上了蛀牙……

哇，原来如此，真是一个好故事！
才不是呢，超级傻！

汽水

你知道什么才是“酸”吗？汽水。你不信？而事实就是如此。第一个证据就在名字里：汽水又叫“起泡柠檬水”。大约350年前，意大利人用柠檬制成了世界上第一瓶柠檬水。如果你不相信柠檬是酸的，那不妨挤一点汁水出来喝下去，祝你好运！

而第二个证据嘛，就在每一瓶汽水的标签上：酸味添加剂或柠檬酸。只要不放这种酸，任何汽水都会甜得发齁，即使嗜糖如命的人也难以下咽。一起制作冰茶实验一下吧！具体做法是：首先，泡一杯浓茶并加入一些糖。冷却后加入一些冰块。喝喝看，好喝吗？似乎不怎么样，是吧？那再试试倒一些柠檬或酸橙汁进去。怎么样？是不是味道好多了？其实就算不放茶，做出来的饮料味道也会很不错。喝起来类似没有气泡的七喜柠檬味汽水。

还是更喜欢喝带气泡的柠檬水？那就在里面放一点食用小苏打。这东西可以在任何超市里买到。放一茶勺小苏打到柠檬水中，一杯自制汽水就做好啦。

分子烹饪法

什么是化学？通俗地说，化学是一门研究物质如何形成，并且在混合后产生什么反应的科学。那什么是烹饪呢？同上。但后者的目的是为了更美味，不过似乎这点对化学家来说就没那么重要了。

科学家尼古拉斯·库尔蒂也发现了烹饪和化学之间的相同点。因此，他开始着手研究如何使化学变成厨师们的小帮手，让他们做出来的菜变得更加美味。从此以后，他的试管、温度计和护目镜都用来研究如何制作最嫩的肉、最脆的面包或最丝滑的蛋黄酱了。库尔蒂称他的烹饪方式为“分子烹饪法”。分子是构成每种物质的小小基石，如果从这个角度出发，取这个名字就一点都不奇怪了。

如今，研究烹饪的科学家越来越多了，我们知道的也比过去多了很多。比如，你知道如何在不放糖的情况下，让一道菜吃上去没那么苦甚至更甜吗？答案就是加点盐！

另外，煮肉的话绝不能用大火，应该在40—60℃的温度下慢慢煮。那鸡蛋呢？也不是煮三四分钟就完事儿的哦。正确的煮鸡蛋方法是，将它放在62℃的水中煮上至少一个小时。这样一来，蛋黄就能在蛋白已经完全凝固的情况下，仍然保持流心的质感。不过这也意味着想要吃上完美的流心蛋，得要早一点儿起床……

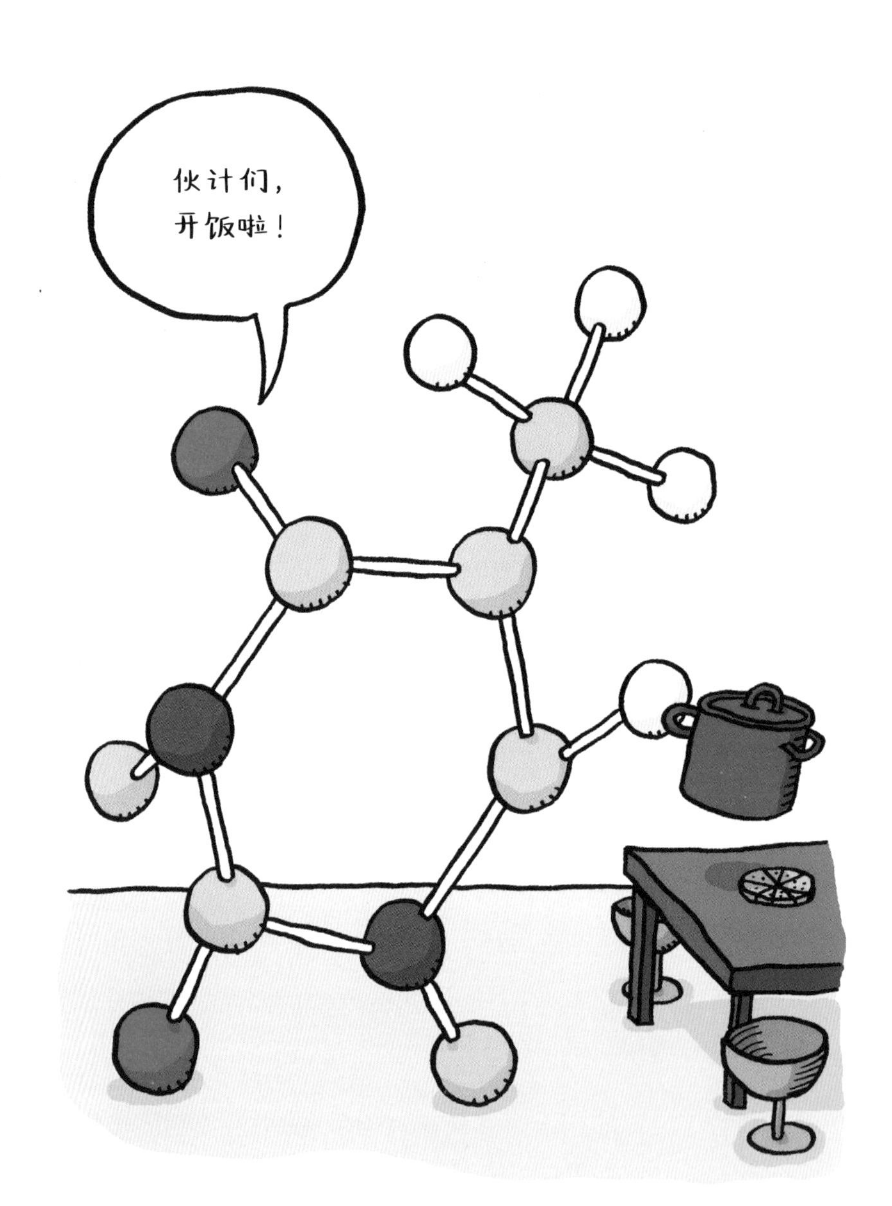
伙计们，
开饭啦！

新潮烹调

你有没有去过一种餐厅，他们会在大到夸张的盘子上只放一小撮食物？这种毫无意义的东西据说是亨利·高尔特和克里斯蒂安·米洛发明的。他俩不是厨师，而是热衷于写餐厅评价的美食作家。大约在40年前，他们发明了一种烹饪方式，并将它称为“新潮烹调”：

在“新潮烹调”出现之前，人们上餐厅吃饭时，往往都会得到满满一盘淋着浓稠酱汁的食物。高尔特和米洛对此非常反对。为此，他们提出了以下十条“美食训诫”，并且认为每位好厨师都必须遵循：

1. 一道菜不应过于复杂。

2. 鱼类、海鲜、家禽和蔬菜等食材不能过度料理，只能短暂蒸或煮，以保持其风味。

3. 食材应尽可能新鲜。

4. 菜单上只应该有几道菜，而不是各种开胃菜、附加菜、主菜和甜点。

5. 肉类和野味不应过度腌制。香料不应该破坏肉本来的味道。

6. 不要使用浓稠、油腻的酱汁。酱汁应该清淡，保持新鲜香料的味道。

7. 设计菜肴时，不要老是选择昂贵复杂的食材，而应当尽量从当地传统的食材入手。

8. 禁止使用微波炉或其他新型厨房工具。

9. 厨师必须尊重顾客的饮食要求。

10. 厨师应始终发挥他们的创造力来制作精美的新菜肴。

如果你仔细阅读了以上十条训诫，想必已经发现“用大盘子摆一丁点食物”这条并不在里面。是的，高尔特和米洛可从来没这么说过。这是小气的厨师们自己加进去的。“美食训诫”的存在只是为了确保菜肴变得更美味。似乎这样看来，“新潮烹调”也没那么奇怪了？不过，如今这也算不上什么“新潮”的烹饪方法了。

甜点

过去，人们在吃完主菜后就不会再吃其他东西了，那时还没有什么餐后甜点。其实，甜点问世的时间并不算长，就几百年而已。起初，只有王公贵族或有钱人在宴请时才会吃甜点。它的主要功能是在客人面前炫耀，所以那时的甜点往往会被做成巨大的水果甜品金字塔，或者是各种蛋糕和鲜花搭建成的华丽装置。此外，盛放甜点的餐具也必须是最好的，那时的甜点都会被放在最美的盘子和托盘上。

关于甜点为什么总是甜的，这一点其实也不难理解。因为开胃菜或主菜通常都不甜，而且如果只是想在吃饱了的情况下尝尝别的味道，应该没人想在吃了一顿海鲜大餐后再吃点鱼作为调剂，对吧？这就是为什么甜的食物往往是餐后首选，因为这种味道往往不会在正餐里出现。其实，也不是没有咸味的餐后“甜点”，比如各种奶酪。但它们通常都是搭配甜酒或水果食用，而不是洋葱、腌黄瓜、香肠或芥末酱。特别是芥末酱，应该没有人喜欢饭后来点芥末酱吧……

拜拜！

图书在版编目（CIP）数据

美食的秘密：从薯条大战到万能巧克力 /（荷）扬·保罗·舒腾著；（荷）叶伦·风科绘；罗信译．-- 上海：上海人民美术出版社，2023.7

书名原文：GRAAF SADNDWICH

ISBN 978-7-5586-2735-4

Ⅰ.①美… Ⅱ.①扬…②叶…③罗… Ⅲ.①饮食－文化－世界－少儿读物 Ⅳ.① TS971.201-49

中国国家版本馆 CIP 数据核字（2023）第 104921 号

美食的秘密：从薯条大战到万能巧克力

著　　者：[荷] 扬·保罗·舒腾
绘　　者：[荷] 叶伦·风科
译　　者：罗　信
项目统筹：尚　飞
责任编辑：张琳海
特约编辑：周小舟　孙慧妍
装帧设计：墨白空间·Yichen
出版发行：上海人民美术出版社
（上海市号景路 159 弄 A 座 7 楼）
邮编：201101　电话：021-53201888
印　　刷：北京盛通印刷股份有限公司
开　　本：787mm x 1092mm　1/16
字　　数：90 千字
印　　张：8.5
版　　次：2023 年 10 月第 1 版
印　　次：2023 年 10 月第 1 次
书　　号：978-7-5586-2735-4
定　　价：69.80 元

读者服务：reader@hinabook.com 188-1142-1266
投稿服务：onebook@hinabook.com 133-6631-2326
直销服务：buy@hinabook.com 133-6657-3072
网上订购：https://hinabook.tmall.com/(天猫官方直营店)